AF551741

Flor Schmidt

Wildkräutermärchen

Für meine Familie,
sowohl den Teil im Himmel
als auch den Teil auf der Erde.

Flor Schmidt

Wildkräutermärchen

Von Sonnenhut, Augentrost und vielen anderen

Mit 15 Kräuterporträts

Mit Illustrationen von

Sibylle Schäfer

NEUE ERDE

Disclaimer

Bitte beachten Sie, dass Autorin und Verlag trotz eingehender Prüfung keine Haftung für die Richtigkeit der Pflanzencharakteristiken und deren Anwendungen übernehmen.

Sie – als Leser – sind dazu aufgerufen, die in diesem Buch vermerkten Ideen und Formulierungen in eigener Verantwortlichkeit zu lesen und aufzunehmen. Diese stellen keine absolute Anleitung für Ihre Lebensführung dar. Sie selbst sind verantwortlich für Ihren Glauben, Ihre Auslegung und Überzeugung.

Bücher haben feste Preise.
2. durchgesehene Auflage 2019

Flor Schmidt
Wildkräutermärchen
Mit Illustrationen von Sibylle Schäfer

Titelseite:
Illustration: Sibylle Schäfer
Gestaltung: Dragon Design, Elbe

Satz und Gestaltung:
Dragon Design, Elbe
Gesetzt aus der Univers und der Minion

Gesamtherstellung: Appel & Klinger, Schneckenlohe
Printed in Germany

ISBN 978-3-89060-684-2

Neue Erde GmbH
Cecilienstr. 29 · 66111 Saarbrücken
Deutschland · Planet Erde
www.neue-erde.de

Vorwort

Flor hat ein Heilpflanzen-Märchenbuch geschrieben mit Lebensweisheiten, so leicht verpackt, wie eine Feder schwebt. Man möchte mitfliegen, und schon hat die Feder einen an die Hand genommen und zur Wurzel geführt; dort hin, wo unsere Lebensaufgaben zuhause sind.

»Der Salbei entfernte sich immer mehr von sich selbst – wie sollte er je seinen rechten Platz finden?« Wie gut, wenn ihm dann jemand sagt: »Versuche nicht, das zu tun, was andere dir raten, folge deiner eigenen Stimme. Stärke wächst im Geheimen und unbeobachtet, wenn man nur sich selbst treu bleibt.«

Die Geschichten sind intensiv und einfühlsam und haben, wie alle guten Märchen, einen tieferen Sinn. Mit jeder neuen Heilpflanze geht man ein Stück Weg gemeinsam, ins Pflanzenleben und eben auch ins eigene Leben hinein. Das berührt, lässt schmunzeln, informiert auf leichte Art und schafft eine so angenehme Verbundenheit mit den »grünen Freundinnen«.

Die Leser fühlen mit der Arnika und spüren, wie es um das Wesentliche geht. Sie lernen mit der Kamille zusammen echte Liebe und Botanik kennen: »Schau nur genau hin, dieser Blütenboden ist gefüllt und hat kein apfelähnliches Aroma wie das der echten Kamille…« Und sie erfahren mit dem Augentrost, dass »es an der Zeit ist, die Augen zu öffnen und sich nicht länger vor der Welt zu verschließen«. Denn: »Euphrasia Augentrost war durch die verschiedenen Grautöne des Lebens gegangen, und so wollte sie künftig all jenen zur Seite stehen, die ebenfalls auf der Suche nach einer veränderten Blickweise und Sehfähigkeit waren.… Das Herz spricht immer eine klare Sprache, es täuscht sich nie.«

Ja, so ist es. Man spürt aus all ihren Kräutermärchen Flors tiefe Verbundenheit zu den Heilpflanzen. So fühlen und denken kleine wie große Menschen. Eindeutig: Dieses Buch ist ein Märchenbuch nicht nur für Kinder! Wer sein Herz den Pflanzen zuwenden möchte (und ein bisschen eben auch seinem eigenen Leben), hat mit diesem Buch einen treuen Begleiter gefunden.

Ich kann Flor nur danken, dass sie uns Leserinnen und Lesern ihr Herz geöffnet und diese Pflanzenmärchen zu Papier gebracht hat. Viel Freude beim Lesen, Erkennen und Genießen.

In tiefer Verbundenheit, Ursel Bühring

Vorwort

oder: Die Kunst zu träumen

Träumen, staunen und fantasieren ist ein Privileg der Kinder. Damit wird die Welt zum Wunder. Der Alltag wird verzaubert und das irdische Leben auf die Sonnenseite gestellt.

Leider haben wir Erwachsene diese Fähigkeit und Leichtigkeit des Seins verloren und mühen uns viel zu oft mit den täglichen Sorgen und Bürden ab. Manchmal fehlt uns ein Funke Originalität, um unser irdisches Dasein mit einem heiteren Akzent zu bestricken. Doch unsere Welt ist kein Ort zum Trübsalblasen, kein Vereinslokal des Katzenjammers und kein Lagerplatz der Langeweile.

Flor Schmidt hilft uns mit ihrem neusten Kräutermärchenbuch, aus dem täglichen Trott, dem Einkehrhaus der Eintönigkeit und Tagdieberei herauszutreten, und beglückt uns mit entzückenden Erzählungen und Flunkereien aus dem Reich der heilsamen Blüten und Wurzeln. Führen wir uns ihre märchenhaften vegetabilen Geschichten zu Gemüte, erhellt sich unser Atem, der Blick wird strahlender und die innere Frische euphorischer. All das Gelesene wirkt luftig, befreiend, beschwingend und lehrt uns der Vielfalt der berauschenden Natur zu lauschen.

Flor, die Märchenerzählerin dichtet, wie der Augentrost begeistert mit feiner Eleganz dem Atem des Windes huldigt, wie er sich aber vor Furcht vor der entzerrenden Böe immer tiefer in die Erde verankert und sich in die Kluft des humosen Reichs versenkt. Bekümmert erfährt die Leseratte, wie die Pflanze von der Schwärze, dunkler als die trostloseste Nacht, ihr Augenlicht verliert und dabei von vorüberziehenden Krabbeltierchen, Regenwürmern und anderen Bodenkriechern getröstet wird. Auf geheimnisvolle Weise kommt jedoch die Blinde namens Euphrasia mit den weichen Blättern des Frauenmantels samt den glitzernden Tautröpfchen, dem Himmelwasser, in Berührung und wird dabei plötzlich wieder sehend.

Kaum zu glauben, sagen Sie, wie soll das alles möglich sein! Flor klärt Sie auf. Das märchenhafte Drehbuch ihrer Erzählungen entpuppt sich als klangvolle Melodie, einmal in Dur, andermal in Moll gespielt und berührt dabei die Klangfarben unseres Herzens und der eigenen Fantasie. Ich bin begeistert!

Bruno Vonarburg

Inhalt

Einleitung

Das Wort »Märchen« kommt aus dem mittelhochdeutschen »maere« und wird mit »Kunde, Nachricht« oder »Bericht« übersetzt. Die Prosatexte erzählen oft von wundersamen Begebenheiten, sind Botschaften aus der nichtalltäglichen oder gar aus der geistigen Welt. Sie sind die Sprache der Seele, die eine allumfassende Wahrheit aufweist. Kinder lassen sich davon berühren, da sie der geistigen Welt im allgemeinen noch näher verbunden sind. Erwachsene finden meist erst wieder dahin zurück, wenn sie sich auf die Suche begeben und sich aufs neue für diese Welt öffnen. Märchen sind wahrhaftig, jedoch auf einer anderen Ebene. Sie sind die Essenz einer Spiritualität, die sich durch ihre Inhalte allgemeinverständlich auszudrücken weiß. Lassen Sie sich ein auf die Welt, die dahinterliegt – im Verborgenen – und die doch stets und allgegenwärtig präsent und spürbar ist und in und durch uns zum Wirken kommt, in jeder Minute unseres Lebens. Viel Freude mit den Geschichten, Begebenheiten, Wahrheiten und geistigen Welten sowie den Weisheiten der Kräuter und Pflanzen.

Im Anschluss an die Märchen folgen Pflanzencharakteristiken, in denen ich versuche, unter »Wesen der Pflanze« eine Verbindung zu unterschiedlichen Chakren herzustellen. Dies stellt eine Hypothese dar, die man zu einem anderen Zeitpunkt ausführlicher behandeln und eingehender nachverfolgen könnte.

In meinem Wissen über die Chakren beziehe ich mich auf meine energetische Ausbildung und die Ausführungen des »International Network for Energy Healing«,[1] das seinen Ursprung in England hat. Es wurde 1965 gegründet und erforscht weltweit den Zusammenhang menschlicher Energiefelder mit der Gesundheit des Menschen, ehemals unter der Leitung von Rex Riant. Das Netzwerk ist religiös ungebunden, die Verbindung der Mitglieder besteht einzig in der Erfahrung des Heilens.

Meine Motivation, eine Pflanze mit einem Chakra in Verbindung zu setzen, besteht darin – ähnlich wie im feinstofflichen Bereich, beispielsweise der Heilimagination –, die Kräfte der Pflanze bei einer energetischen Behandlung gedanklich mit einzubeziehen. Die Pflanze kann auch in Form einer Tinktur oder Droge in der Hand gehalten oder unterstützend als Tee oder Tinktur verabreicht werden.

Der Rote Sonnenhut

Der Sonnenhut der Drachenkönigin

Es war einmal eine Königin, die sehr klug war und schön! Darüber hinaus vermochte sie ihr Land achtsam und weise zu regieren. Sie hieß Victoria und wurde auch die »Königin der Drachen« genannt. Das waren ihre Lieblingstiere, und sie beschützten Victoria Tag und Nacht. Dies war auch nötig, denn die Königin hatte eine Feindin, in deren Herz Neid, Missgunst und Falschheit regierten und die ihr sowohl den Thron als auch die Beliebtheit neidete.

Zum Glück sahen die Drachen nicht nur sehr furchteinflößend aus, sie waren auch unglaublich stark und besaßen zudem noch besondere magische

Kräfte. Doch um diese Kräfte einsetzen zu können, mussten sie bei guter Gesundheit bleiben, und das war eine sehr schwierige Angelegenheit.

Drachen waren nämlich wegen ihrer großen Nüstern, die die Keime förmlich anzuziehen schienen, schon immer sehr anfällig für Erkältungen aller Art. Besonders wenn sie unter Stress gerieten, bekamen sie oft Halsschmerzen oder dicke Mandeln. Dann legten sie sich in eine Höhle und waren zu nichts mehr zu gebrauchen. Damit das nicht geschah, benötigte die Königin einen speziellen Kräutertrank, den sie den Tieren einflößte, wenn es sie wieder heftig in den Nüstern zu kitzeln begann.

Doch es kam der Tag, an dem dieser Trank zur Neige ging, und so machten sich die Drachen und Victoria auf, um rechtzeitig die Zutaten für das neue Getränk zu suchen. Aber diesmal fanden sie die Pflanze nicht, die doch so wichtig für sie war.

Der Sonnenhut, wie die Blume wegen ihrer rosaroten Strahlenblüten hieß, die sich wie ein Sonnenschirm um einen stacheligen Igelkopf legten, schien spurlos verschwunden. Eigentlich waren diese Pflanzen nicht zu übersehen, denn sie waren auffällige Schönheiten und leuchteten den Suchenden normalerweise schon von weitem entgegen.

Die Drachen suchten am Fuße des Berges Great Gable, auf der Wiese hinter dem Haus von Bauer Harry, im Pfarrgarten der Dorfkirche und sogar unten am Fluss, wo die riesigen Tiere sich nicht allzu gerne aufhielten, weil sie keine besonders guten Schwimmer waren.

Victoria begab sich noch einmal in ihren Kräutergarten, den sie bereits mehrere Male nach dem Gewächs abgesucht hatte. Vielleicht konnte sie doch noch ein Pflänzchen darin entdecken? Wie konnte es sein, fragte sie sich, dass so plötzlich alle Sonnenhüte aus ihrem Garten verschwunden waren?

Auch die Drachen waren bei ihrer Suche erfolglos gewesen. Als langsam die Dämmerung einzusetzen begann, beschlossen sie, zu ihrer Königin zurückzukehren, um ihr die traurige Nachricht zu überbringen, dass sie keine einzige dieser rosaroten Blüten hatten finden können. An diesem Abend, hilflos und ratlos, überlegten sie, was sie jetzt noch tun könnten. Da die Drachen glaubten, im Falle einer Erkältung ohne diese Pflanze nicht wieder gesund zu werden, wollten sie die Hoffnung noch nicht aufgeben, und so beschlossen sie, am nächsten Tag doch noch einmal aufzubrechen, um nach der Pflanze zu suchen.

Sie ahnten nicht, dass unweit von ihnen die alte Hexe Snöd in ihrer Höhle saß und höhnisch und zufrieden grinste. Diese böse Alte nämlich hatte alle strahlenden Igelköpfe abgepflückt und betrachtete nun zufrieden ihre Beute. Im feuchten ungemütlichen Gemäuer wärmte sie sich an einem Feuer, und ihr Schatten zeichnete ein dunkles Abbild an die Wand, welches vollendet die Bosheit der Welt einzufangen schien. In einem eigenartigen Rhythmus, in dem die Alte mit ihrem Körper unablässig wie in Trance vor und zurück wiegte, schleuderte sie in gehässigen Worten ihren tief empfundenen Neid, den sie gegen die Königin hegte, in die Welt hinaus, in der Hoffnung, der Wind würde ihn auffangen und zu ihr tragen, um Angst und Schrecken zu verbreiten.

»Beschützer dieser schönen Maid,
vorüber ist die Drachenzeit.
Nun ist meine Zeit gekommen,
ich hab ihr allen Schutz genommen.
Bald werde ich die Königin sein,
das Land regieren mit Härte und Pein!«

Am nächsten Morgen machten sich die Drachen wie verabredet auf den Weg. Die Nüstern der großen Tiere begannen bereits zu triefen, und der ein oder andere hüstelte schon. Sogar Drache Frederick mit den krummen Beinen wollte mit ihnen gehen. Nach einem Unfall waren die Beine nicht wieder gerade

zusammengewachsen. Deshalb fiel ihm das Gehen oft sehr schwer. Auch seine Glieder schmerzten schon, der Hals war geschwollen, und er musste immerfort niesen. Trotzdem schleppte er seinen mächtigen Körper ins Freie und beteiligte sich an der Suche nach dem kostbaren Kraut.

Als er am Weg zur alten Mühle vorbeikam, sah er plötzlich etwas rosarot glänzen, und er traute seinen Augen kaum, als er vor sich auf der Wiese einen Sonnenhut leuchten sah. Freudig pflückte er ihn ab und eilte, so schnell ihn seine krummen Beine tragen konnten, zum königlichen Palast, damit wenigstens eine dünne Suppe für die Kranken unter ihnen gekocht werden konnte. Er hoffte, dies würde sie ein wenig stärken. Winkend stürzte Frederick der Königin entgegen. Als sie die gesuchte Pflanze in seinen Klauen erkannte, lief auch sie aus ihrem Palast und eilte beglückt auf den Drachen zu. Doch kurz bevor sie einander trafen, tauchte wie aus dem Nichts die böse Hexe auf und versperrte Frederick mit höhnischem Gelächter den Weg! Da musste dieser so heftig niesen, dass ihm der Sonnenhut aus den mächtigen Krallen glitt und er hilflos und zitternd vor Angst, nun mittellos der Alten gegenüberstand.

Snöd zückte sogleich ihren Zauberstab und funkelte ihn böse drohend an. Sie bückte sich langsam und hob den Sonnenhut auf. »Den muss ich wohl vergessen haben«, sprach sie spitz. Und triumphierend gab sie die letzte Pflanze ihrem Raben, der auf ihrer Schulter saß, zum Fraß!

In der Zwischenzeit hatten sich alle Drachen, die wiederum erfolglos von ihrer Suche heimgekehrt waren, um die beiden versammelt und sahen voll Entsetzen zu, wie auch die letzte ersehnte Pflanze im Schnabel dieses widerwärtigen schwarzen Vogels verschwand.

»Nun gibt es keine Pflanzen für deine Drachen mehr! Die sind alle hier in diesem Jutesack.« Die Hexe deutete auf den großen Beutel, der ihr über der Schulter hing. Es lugte sogar noch ein Sonnenhut daraus hervor, als wollte sie damit die Richtigkeit ihrer Worte unterstreichen. »Du bist verloren, schöne Königin, und mein Wirken wird beginnen«, krächzte die Alte und schritt mit ihrem Zauberstab langsam auf Drache Frederick zu. Dieser erstarrte vor

Schreck, an Fliegen war nicht mehr zu denken, seine Flügel schienen lahm und schwer wie Blei zu sein. Auch sein riesiger Schwanz ließ sich nicht mehr bewegen. »Nun ist alles aus«, dachte er nur noch und senkte seinen Blick zu Boden, um das unausweichliche Unheil über sich ergehen zu lassen. Doch stattdessen hörte er plötzlich, wie Victoria um ihn und sein Leben zu flehen begann.

Er blickte auf und sah, dass seine Königin auf den Boden gesunken war und die Hexe bestürmte, dass sie doch nur von ihrem Drachen ablassen möge.

Frederick war gerührt und überwältigt zugleich. Noch nie hatte jemand so etwas für ihn getan! Eine unbeschreibliche Welle der Liebe und Zuneigung stieg in ihm auf, erfüllte sein Herz und floss in jeden Winkel seines Körpers. Mit einer letzten sich aufbäumenden Kraft stieß er sich urplötzlich ab, schnellte auf die Hexe zu und entriss ihr die eine Pflanze, die noch aus dem Jutesack hing. Bevor Snöd sich von dem Schreck erholen konnte, hatte der Drache den Sonnenhut schon aufgefressen. Seine Nüstern weiteten sich, und frische Luft durchströmte seine Lungen. Der Anflug der Erkältung war wie weggeblasen, und er fühlte sich stark wie schon lange nicht mehr.

Frederick spannte seine mächtigen Flügel aus, und ein heftiger Luftzug durchfuhr die Umstehenden. Die leicht verfärbten Blätter, die bereits von den ersten Böen des Spätsommerwindes von den Bäumen geblasen worden waren und am Boden lagen, wurden durch den Windstoß aufgewirbelt und begannen zu tänzeln, Libellen gleich, die selbstvergessen dem Himmel entgegenstrebten.

Bevor Frederick abhob und sich in die Lüfte aufzuschwingen begann, packte er Victoria und hob sie auf seinen Rücken, um den entsetzten und bewundernden Blicken aller Drachen zu entschwinden. Nach und nach fielen die Blätter, die bereits einen Hauch von warmen Herbstfarben in sich trugen, wieder zu Boden und blieben unbewegt liegen, als ob sie nie zuvor eine Reise in die Luft unternommen hätten.

Als der Drache schon fast mit dem Horizont verschmolzen war, drehte er plötzlich noch einmal um und flog zurück zu der Menge, die immer noch wie angewurzelt an der Stelle stand, wo er kurz zuvor entschwunden war.

Langsam näherte er sich der Hexe, die etwas abseits von den anderen stand und ihm ärgerlich entgegenstarrte. Als Frederik schon fast bei ihr war, suchte Snöd hektisch auf dem Boden nach ihrem Zauberstab, der ihr vorhin vor Schreck aus den Händen gefallen war. Ein anderer Drache versuchte, sie daran zu hindern, aber sie war flink und bekam ihn gerade noch zu fassen. Doch bevor es ihr gelang, ihren Zauberstab gegen Frederick zu richten, spie dieser einen wahren Feuerregen auf sie nieder.

Zuerst sah man nur eine Säule aus funkelndem Gold. Die anderen Drachen bargen ihre Augen vor dem grell leuchtenden Licht, obwohl sie natürlich wissen wollten, was mit der Hexe Snöd geschehen würde. Als das Leuchten langsam nachzulassen begann, verwandelte sich die Säule in eine Wolke aus Rauch. Nachdem der beißende Qualm sich aufgelöst hatte, vermochten die mächtigen Geschöpfe und Victoria langsam wieder ihre Augen zu öffnen. An

der Stelle, an der zuvor die alte Hexe gewesen war, befand sich plötzlich ein kleiner Elf, der aufgeregt flatternd in die Meute flog, um dann für immer in die fernen Wälder zu entschwinden. Eine kleine Biene flog laut summend und schimpfend hinter ihm her. Dies war alles, was man danach von der bösen Hexe und ihrem schwarzen Raben je gesehen hat.

Nachdem die Aufregung langsam von allen abgefallen war, begaben sich die Drachen mit ihrer Königin zurück zum Schloss und feierten ein Fest, das die ganze Nacht dauern sollte. Erst als der Frühnebel den neuen Tag ankündigte und ihnen vor Müdigkeit die Augen zugefallen waren, wurde es still auf dem Anwesen.

Von nun an hatten die Drachen wieder mehr als genug Pflanzen, aus denen sie einen Kräutertrank zubereiten konnten. Aber seit dem Erlebnis mit der Hexe vertraute Frederick meist auf seine innere Stärke. Dieses Ereignis gab ihm die Zuversicht, dass die Kraft ihm eigen war. Die roten Sonnenhüte wurden zu den Verbündeten der Drachen und erinnerten sie immer dann an ihre Stärke, wenn sie es doch wieder einmal für kurze Zeit vergessen hatten. Auf diese Weise kurbelte der heilende Trank die körpereigenen Kräfte an, wenn ein Schnupfen oder eine Erkältung nicht gleich verschwinden wollten.

Frederik wurde erster Leibwächter und Drachenbeschützer der Königin, und diese regierte furchtlos bis ans Ende ihres Lebens.

Zum Dank ließ sich Victoria im kommenden Jahr aus den neuen Blütenblättern dieser roten Pflanze einen großen Sonnenhut schneidern, der an seiner Spitze mit einem kleinen schwarzen Igelkopf als Krone versehen war.

Für Victoria stand die Pflanze für Kraft, Mut und Stärke, und sie sollte stets daran erinnern, dass das Vertrauen in sich selbst bei den Attributen im großen Weltenplan mit an oberster Stelle vermerkt worden war.

Roter Sonnenhut – *Echinacea purpurea*

Namensherkunft und Familie: Der Rote Sonnenhut gehört zur Familie der Korbblütler, *Asteraceae*. Volkstümlich wird er unter anderem auch Igelkopf oder Kegelblume genannt. Ihren deutschen Namen bekam die Pflanze vermutlich, weil sie einem Hut mit breitem Rand gleicht, der vor Sonneneinstrahlung schützen kann. Der lateinische Name leitet sich aus dem Griechischen »echinos« ab, was übersetzt »Seeigel« heißt und vermutlich auf den stacheligen Blütenboden der Pflanze verweist.

Ort, Pflanzenkunde und Ernte: Ursprünglich stammt die Pflanze aus Nordamerika. Deshalb war sie im europäischen Altertum noch nicht bekannt und wird in Mitteleuropa in der Regel nicht wildwachsend vorgefunden. Wegen seiner schönen Blüte wird der Rote Sonnenhut hingegen öfter in Gärten angepflanzt. Die lanzettlichen **Blätter** sind rau und borstig, sie wachsen als Grundblätter und zerstreut am Stiel. Eine große **Blüte** sitzt oben auf dem Stengel. Der kegelförmige Blütenboden erinnert an eine Distel. Die rosa bis purpurroten Strahlenblüten weisen leicht nach unten. Die Pflanze blüht von Juli bis September. Der dünne **Stengel** dieser Pflanze kann bis zu 120 cm hoch wachsen und ist ebenfalls mit Borstenhaaren versehen. Die senkrechte Pfahl**wurzel** hat etliche Nebenwurzeln und ist fest im Boden verankert. Pflanze und Blätter werden gesammelt, wenn sich die Blüte gerade frisch geöffnet hat. Die Wurzeln werden sowohl im Frühjahr als auch im Herbst geerntet.

Inhaltsstoffe, Heilwirkung und Anwendungen: Der Rote Sonnenhut besitzt Echinacoside, denen antibiotische, entzündungshemmende und immunstimulierende Wirkungen zugeschrieben werden. Weitere wichtige Inhaltsstoffe sind ätherische Öle, Harze, Glykoside, Bitterstoffe, Flavonoide und Vitamin C. Die Pflanze wirkt immunstimulierend, indem die weißen Blutkörperchen in der Blutbahn vermehrt werden.

Äußerlich kann der Sonnenhut wegen seiner antibakteriellen und entzündungshemmenden Wirkung beispielsweise bei Hautinfektionen, etwa Furunkeln, Abszessen, Herpes, Nagelbettentzündungen oder schlecht heilenden Wunden angewendet werden. Hierfür ist eine Salbe, eine Tinktur oder ein selbst zubereiteter Infus (siehe Glossar) hilfreich. Der Tee sollte ausschließlich aus Frischpflanzen zubereitet werden, da diese Pflanze nur frisch ihre Wirkung entfalten kann.

Innerlich kann der Rote Sonnenhut zur Unterstützung der Abwehrkräfte bei Erkältungskrankheiten aller Art und bei Harnwegserkrankungen sowie begleitend bei Antibiotika- und Chemotherapie gegeben werden. Den Roten Sonnenhut nimmt man bereits bei den ersten Anzeichen einer beginnenden Erkältung hoch dosiert ein, bevorzugt als Presssaft. Wenn die Krankheit ausgebrochen ist, zeigt die Pflanze nur noch wenig Wirkung. Sie sollte nach Möglichkeit intervallartig eingenommen werden. Empfohlen wird eine Anwendung von 3 x 30 Tropfen (Tinktur) täglich über 5 Tage, anschließend eine 3-tägige Pause. Dieses Prozedere nicht länger als 5 Wochen wiederholen.

Nebenwirkungen, Wechselwirkungen, Kontraindikationen: Bei Autoimmunerkrankungen wie zum Beispiel Multipler Sklerose und rheumatischen Erkrankungen ist diese Pflanze kontraindiziert. Vorsicht bei Korbblütlerallergie. Von einer Langzeitanwendung ist abzuraten, da es sonst zu einer Überstimulation des Immunsystems kommen kann.

Merkmale, Besonderheiten, Geschichten: Die Einwohner Nordamerikas setzten den Roten Sonnenhut bei magischen Ritualen, zur Wundversorgung und als Antidot bei Schlangenbissen ein. Der Homöopath H.C.F. Meyer beobachtete diese Menschen und forschte selbst weiter auf dem Gebiet. Als er von den Wirkungsbereichen des Roten Sonnenhutes überzeugt war, wollte er ihn in der allgemeinen Medizin etablieren. Da ihm dies nicht gelang, ließ er sich bei einer Ärzteversammlung selbst von einer Schlange beißen. Die neutralisierende, Gift bindende Wirkung des Roten Sonnenhutes begeisterte die Ärzte so sehr, dass er ins Arzneimittelbuch der USA aufgenommen wurde.[2]

Wesen der Pflanze: Wie wir nun wissen, ist das besondere Vermögen des Roten Sonnenhutes die Vermehrung der weißen Blutkörperchen, welche das Immunsystem anregen. Nach der Chakrenlehre wird dem Herzchakra die Thymusdrüse zugeordnet. Unter anderem werden dort besonders in jungen Jahren viele Lymphozyten gebildet, die für die Stärkung des Immunsystems verantwortlich sind. Diese Drüse wird auch als »Schule des Immunsystems« bezeichnet, weil dort die Zellen, die für die Abwehr verantwortlich sind, zwischen »eigen« und »fremd« unterscheiden lernen. Somit steht die Thymusdrüse in engem Zusammenhang mit dem Immunsystem, das folglich mit dem Herzchakra mitbehandelt wird, wenn es schwächelt. Deshalb liegt es nahe, dass der Rote Sonnenhut mit seinen immunstärkenden Eigenschaften ebenfalls mit dem Herzchakra in Verbindung steht.

Möchte man Kräuter- und Chakraheilkunde miteinander verbinden, kann man entweder nach einer energetischen Behandlung den Roten Sonnenhut auf der körperlichen Ebene als Tinktur einnehmen oder ihn gedanklich in die energetische Behandlung mit einbeziehen. Eine dritte Möglichkeit wäre, während der Energiearbeit ein Fläschchen Tinktur des Roten Sonnenhutes oder die Pflanze selbst in der Hand zu halten.

Das Erscheinungsbild der Pflanze mit ihrem Igelkopf als Blüte und den haarigen Borsten an Blatt und Stengel ist bereits ein Hinweis auf die Wehrhaftigkeit dieser Pflanze. Diese Abwehrstärke überträgt sie dann, wie man oben lesen kann, auf den Menschen, wenn er die Pflanze einnimmt. Ist der Mensch anfällig für Infektionskrankheiten, kann dies Folge einer schwachen Immunabwehr sein oder auch in der Psyche seinen Grund haben. Die psychische Beeinflussung auf die Gesundheit wird mittlerweile nicht mehr in Frage gestellt. Sowohl Bruno Vonarburg[3] als auch Roger Kalbermatten[4] gehen davon aus, dass die Wehrhaftigkeit dieser Pflanze nicht nur auf die körperliche, sondern auch auf die seelische Verfassung des Menschen wirkt. Nach Kalbermatten unterstützt der Rote Sonnenhut mit seiner Wesenskraft den Menschen auch bei der psychischen Abgrenzung. Er hilft ihm, sich eine Schutzschicht zuzulegen, damit er sich nicht alles zu eigen macht, was von außen auf ihn zukommt.

Rezeptwelt

Echinacea-Tinktur

Zutaten: 20 g frischer Roter Sonnenhut (Kraut), 100 g Wodka (38%)

Anleitung: frisches Sonnenhutkraut kleinschneiden und in ein Glas geben, mit Wodka auffüllen und das Glas schließen; an einem hellen Ort 3 Wochen ausziehen lassen, abgießen und in dunkle Tropfflaschen füllen; bei Bedarf 3 x täglich 30 Tropfen einnehmen.

Der Salbei

Auf dem Weg

Er war schon eine ganze Weile unterwegs. Die Sonne stand im Zenit, und es wurde immer heißer. Er schwitzte und begann zu riechen. Auch alle, die in seiner Nähe waren, schienen dies zu bemerken, weil sie nach ihm schauten und nach ihm schnupperten! Das war dem Salbei sehr unangenehm. Auffallen wollte er schon, aber keinesfalls wegen seines Geruchs! Er wusste ja nicht, ob er für andere wohlriechend war. Ach, was soll's, dachte er nach einer Weile und setzte seinen Gang Richtung Süden fort.

Er hatte nun einmal beschlossen, sich auf den Weg zu machen, und jetzt, da er losgegangen war, würde ihn nichts mehr zur Umkehr bewegen, weder sein eigener Geruch noch die Hitze des Südens. Er wollte einen Ort finden, an dem er sich wohl und zu Hause fühlen konnte.

Nach einigen Wochen, der Salbei war schon recht erschöpft von dem langen Marsch, gelangte er auf eine kleine Anhöhe. Eine große Mauer verdeckte ihm die Sicht. Mit letzter Kraft gelang es ihm, sie zu überwinden. Und da, wenn er sich reckte, konnte er von weitem schon das Meer sehen, das glitzernde blaue Meer, das so viel Sehnsucht in ihm auslöste und Freiheit und Beschränkung zugleich in sich barg. Freiheit wegen der unermesslichen Weite und der ungestümen Kraft der Wellen, welche zuweilen die wilde Entschlossenheit des Wassers zur Schau stellten. Beschränkung wegen des Unvermögens, diese Unendlichkeit jemals überwinden zu können.

»He, was machst du da!« rief es plötzlich unter ihm. »Geh mir aus der Sicht!«

Der Salbei wurde jäh aus seinen Gedanken gerissen und drehte sich erschrocken um. Seine blauen Blüten zitterten heftig. Er konnte aber niemanden entdecken. Als sich nach einer Weile noch immer nichts regte, wollte er sich gerade wieder strecken, um erneut auf das Meer zu schauen. Da kitzelte ihn etwas an seinen Wurzeln.

Der Salbei sah nach unten und entdeckte ein zwergenhaftes kleines Männchen mit einer markanten, sehr großen Nase. Abschätzig schnalzte der mit der Zunge, und seine Augen funkelten boshaft und bedrohlich. »Entschuldige bitte«, rechtfertigte sich der Salbei höflich, »ich wollte dich nicht stören.« Taktvoll trat er einen Schritt zurück.

»Das ist mein Platz!« Beleidigt schaute das Männchen zur Seite. Der Salbei nahm all seinen Mut zusammen und ging wieder auf ihn zu. »Ich suche auch einen Ort, an dem ich bleiben und wachsen kann. Weißt du, wo ich ihn finden könnte?«

Der Zwerg runzelte die Stirn, dann neigte er seinen Kopf zur Seite und musterte den Salbei von oben bis unten. »Du kommst wohl aus dem Norden?« Er sprach betont langsam, bemüht, seine Stimme gelangweilt klingen zu lassen. Dann reckte der Zwerg seine große Nase in den Wind und sog scharf die Luft ein. »Was riecht denn hier plötzlich so?« bemerkte er wie beiläufig, und der Salbei errötete. Ihm war es außerordentlich peinlich; schon wieder fiel er auf wegen seines Geruchs.

Er wollte sich gerade umdrehen, um zu gehen, als der Zwerg ihm zurief: »In der Kürze liegt die Würze, werde klein und bescheiden, dann wirst du deinen Platz schon finden.« Das Männlein stemmte abwehrend seine kurzen Arme in seine Hüften.

»Aber wie soll ich denn kleiner werden?« Der Salbei schaute ganz verwundert zu ihm hinab.

»Sauf nicht so viel, lass das Wasser den anderen, die auch durstig sind«, brummte der Zwerg und verschwand. Der Salbei schüttelte verständnislos seine Blüten. Ein paar Blätter fielen auf die Erde und blieben dort liegen. Da zog er weiter und versuchte, so wenig Wasser wie möglich zu trinken.

Mit der Zeit wurde der Salbei entsetzlich durstig, und so war jeder Schritt anstrengend und beschwerlich. Er trocknete langsam aus und verlor all seine Stärke. Seine schönen Blüten fielen herunter, und er duftete fast gar nicht mehr, aber kleiner wurde er deshalb nicht!

»Wer bist denn du?« hörte er da plötzlich eine Stimme rufen. »Ich bin der Salbei«, entgegnete die Pflanze mit letzter Kraft. »Den Salbei«, lachte die Stimme auf, »kenne ich gut, aber du siehst ganz anders aus.« Die Wolken traten zur Seite, und da schielte der Mond zwischen den Wipfeln der Bäume hervor. Er beleuchtete mit seinen silbernen Strahlen den Salbei, um ihn im Schein seines Lichtes näher zu betrachten.

Da erzählte die Pflanze dem Mond klagend ihre Geschichte und versuchte ihm zu erklären, weshalb sie kleiner werden wollte und nun Gefahr lief zu vertrocknen.

»Du entfernst dich ja immer mehr von dir selbst, siehst nicht einmal mehr wie ein Salbei aus«, entgegnete da der Mond. »Wie solltest du denn da deinen rechten Platz finden?« Ohne eine Antwort der verdutzten Pflanze abzuwarten, rief er rasch eine Wolke herbei und ließ sie auf den ausgetrockneten Salbei regnen, der das Wasser sogleich gierig in sich aufsog.

»Versuche nicht, das zu tun, was andere dir raten, folge deiner eigenen Stimme.« Die silbernen Strahlen des Mondes lagen mahnend auf der Pflanze. »Dem Zwerg liegt nichts an dir, er wollte nur sichergehen, dass du ihm nicht über den Kopf wächst!« Ernüchtert stand der Salbei da und starrte in die Ferne.

Am nächsten Tag aber zog er beherzt weiter, fest entschlossen, sich von niemandem mehr hineinreden zu lassen. Gegen Mittag hielt der Salbei erschöpft inne und suchte sich ein schönes Plätzchen, an dem er sich ausruhen konnte.

Als er sich gerade entfalten wollte, um sich von der Sonne bescheinen zu lassen, pikste ihn etwas in eines seiner Blätter. Erschrocken zog er es zurück und wirbelte herum. Neben ihm stand auf einmal eine Pflanze, die ihn auffällig beäugte. »Was ist?« Der Salbei war ganz irritiert. Die Pflanze schüttelte hochmütig ihren auffallend hübschen Blütenkopf, klimperte mit den dornigen Spitzen ihrer Hüllblättchen, die sie bedrohlich nahe in seine Richtung neigte. Dann holte sie tief Luft, als wollte sie etwas erwidern. Aber erst nach einer kunstvollen kleinen Pause sagte sie schnippisch: »Du siehst so brav aus mit deinen blassen blauen Blüten. Niemand wird vor dir Respekt haben. Schau mich an, ich sehe gefährlich aus. Keiner wird auf die Idee kommen, mir zu nahe zu treten!« Sie verlieh ihren Worten Nachdruck, indem sie ihr ebenmäßiges Kinn blasiert nach oben reckte, so dass ihr schöner Hals noch schlanker wirkte. Selbstgefällig strich sie sich durch ihren auffällig feuerroten Schopf. Verwirrt schaute der Salbei die Pflanze neben sich an. Es war eine Distel. Sie

war von oben bis unten mit kleinen Stacheln besetzt, und tatsächlich sah sie bei näherer Betrachtung zum Fürchten aus. Aber eigentlich war sie auch wunderschön, dachte er verträumt bei sich. Als die Distel bemerkte, dass der Salbei sie bewundernd anstarrte, fühlte sie sich bestärkt. »Verschaffe dir mehr Achtung, dann bringst du es weit im Leben.«

Der Salbei wurde sehr nachdenklich. Womöglich war das die Lösung! Mit einem Schlag waren seine guten Vorsätze dahin. Vielleicht hatte die Distel ja recht, und er sollte sich auch ein paar Stacheln wachsen lassen, überlegte er. Dann würde es niemand mehr wagen, ihn bei seiner Suche nach dem passenden Ort in die Irre zu leiten. Um eine Veränderung herbeizuführen, versuchte er erst einmal, die Luft anzuhalten, bis seine Blüten sich ganz dunkel lila verfärbten. Als er noch immer nicht gefährlich aussah, versuchte er, sich aufzuplustern. Am Ende war er aber nur ganz schlapp vor Anstrengung, doch Stacheln hatte er keine bekommen.

Darüber, dass der Salbei damit beschäftigt gewesen war, sein Äußeres zu wandeln, war es langsam Abend geworden, und der Mond blickte abermals besorgt

zu ihm hinunter. »Bist du nun völlig übergeschnappt?« schimpfte er, als er die vor Anstrengung ganz lila leuchtende Pflanze sah. Beschämt blickte der Salbei zu Boden, und der Mond verschwand wütend wieder hinter den Wolken.

Der Salbei war sehr müde. Es drehte sich alles in seinem Kopf, und er beschloss, morgen darüber nachzudenken, wie es weitergehen sollte. Gähnend schloss er seine Blütenblätter, fiel sogleich in einen tiefen Schlaf und begann zu träumen.

Er befand sich an einer Kreuzung. Drei Wege gingen hier ab. Der Salbei war unschlüssig, welchen er einschlagen sollte. Er entschied sich für den rechten, der eben und schnurgerade war. Als er aber in einiger Entfernung plötzlich den unverschämten Zwerg sitzen sah, drehte er sofort wieder um und rannte so schnell er konnte zum Ausgangspunkt zurück. Dort stand er nun und musste erneut überlegen, welcher Weg der richtige sein könnte.

Diesmal entschied er sich für den linken. Dornenhecken, Kakteen und Disteln säumten die Strecke. Vorsichtig zwängte er sich an all den Pflanzen vorbei, die ihn mit ihren hämischen und durchtriebenen Blicken immerzu verfolgten. Da wurde ihm schlagartig klar, dass er niemals einer von ihnen sein wollte und sich unter all den stacheligen und wehrhaften Gewächsen nicht wohlfühlen würde. So drehte er abermals um und war erleichtert, als er schließlich wieder den Ausgangspunkt erreichte. Was nun? Gab es überhaupt einen Weg für ihn?

Er schloss sein Blumengesicht und schüttelte entmutigt seine Blätter. Als ein leiser Windstoß ihn wieder aufschauen ließ, sah er, wie eines seiner Blütenblätter in eine Richtung davonschwebte. Um es wieder einzufangen, ging er ihm hinterher. Jedes Mal, wenn er es beinahe zu fassen bekam, drehte es eine Pirouette, entglitt ihm und schwebte abermals davon. Der Pfad wurde immer steiler und steiniger, das Gehen beschwerlich, er wurde durstig und müde. Aber er folgte noch immer seiner Blüte.

Der Salbei erwachte, sein Traum stand ihm noch deutlich vor Augen. Erleichtert stellte er fest, dass vor ihm nur noch ein einziger Weg lag, den er gehen konnte. So rappelte er sich auf und zog zuversichtlich weiter. Nun war er sich sicher, dass er ankommen würde, irgendwann. Der Mond war nachts seine Laterne, und tags schwitzte er unter der heißen Sonne des Südens. Er wanderte und wanderte, mal nach rechts, mal nach links oder geradeaus, machte ab und an Rast und schlief, wenn er müde war.

Eines Tages kam er an einen geräumigen Platz, Pinienbäume umrahmten die Aussicht und spendeten zugleich den notwendigen Schatten in der Hitze des Südens. Vor ihm erstreckte sich ganz in der Nähe wieder das Meer. Neugierig schaute er sich um. War dieser Ort hier vielleicht das Ende seiner Suche? Da vernahm er plötzlich ein lautes Jammern. Das war doch nicht zu fassen, dachte er bei sich. »Ist da jemand?« Unwillig schaute der Salbei wieder nach unten, und schon wieder konnte er weit und breit niemanden entdecken. »Ja ich«, piepste es direkt hinter ihm. Der Salbei war ratlos und schüttelte verlegen seinen Blütenkopf. Da sah er plötzlich eine wunderschöne Eidechse aus einem Thymianbusch kriechen.

Ihre smaragdfarbene schillernde Kehle beeindruckte den Salbei außerordentlich! »Oh Gott, oh Gott, oh Gott«, jammerte das Tier, »was für ein Elend!« Der Salbei war jetzt ganz besorgt. »Was hast

du denn, weshalb jammerst du so laut?« Die Eidechse sah die unwissende Pflanze verwundert an. »Ja, siehst du das denn nicht?« Sie schniefte gekränkt. »Mein Schwanz ist weg, das ist mein Elend, irgendjemand muss darauf gestanden haben.« Der Salbei machte eine abwehrende Geste. »Ich war es aber bestimmt nicht.« Jetzt war er ein bisschen wütend, weil er sich wieder einmal zu Unrecht verdächtigt fühlte, aber als er ihre traurigen Augen erblickte, wollte er die Eidechse trösten, und es fiel ihm nichts Besseres ein als zu sagen, dass der Schwanz sicherlich nachwachsen würde. Doch das war offensichtlich ein Fehler. Das Tier fauchte ihn an, so dass er unwillkürlich zurückwich, und um ein Haar das Gleichgewicht verloren hätte und die Böschung hinuntergekugelt wäre. Davon ungerührt zischte die Eidechse ihn an: »Was weißt du schon von einem Eidechsenleben? Rein gar nichts, sonst wüsstest du, dass es lange dauert, bis ich wieder einen Schwanz habe, und bis dahin werde ich unvollkommen sein.«

Der Salbei wusste darauf nichts zu erwidern, und sie schwiegen lange Zeit. Jeder schien seinen eigenen Gedanken nachzuhängen. Nach einer Weile sagte der Salbei schüchtern: »Wenn du möchtest, kann ich dir zwischen meinen Blättern Schutz bieten, so lange, bis dein Schwanz wieder nachgewachsen ist.« Die Eidechse erwiderte erst gar nichts, aber nach einiger Zeit schlich sie langsam unter seine Blätter, machte es sich bequem und schlief unverzüglich ein. Auf diese Weise verbrachten der Salbei und die Eidechse eine Weile miteinander. Morgens schlich sich die Eidechse davon und kam abends immer wieder zurück, um unter dem dichten Blätterdach des Salbeis Schutz zu suchen.

»Du bist so schön!« Das Tier schmiegte sich behaglich an die Pflanze. »Findest du wirklich?« Verlegen und gerührt bohrte der Salbei seine Wurzeln tiefer in die Erde. Er hoffte inständig, dass die Eidechse nicht sehen würde, wie sehr er errötete. Ein anderes Mal, als die Eidechse sich erkältet hatte, holte sie plötzlich tief Luft und sog den Duft des Salbeis in sich auf. Ihre Lungen füllten sich mit seinem Aroma, und sie fühlte sich sogleich wieder munterer. Da seufzte sie ergriffen: »Du riechst so gut«, und der Salbei war stolz und glücklich, denn er fühlte sich angenommen, so wie er war. Die gegenseitige Zuneigung wuchs,

und die beiden wollten nicht auseinandergehen, obwohl die Eidechse längst wieder vollkommen war.

Eines Morgens fielen die Strahlen der Sonne direkt auf den Salbei, einige davon drangen auch durch sein Blätter- und Blütendach hindurch und brannten auf die smaragdfarbenen Schuppen der Eidechse, die bereits mit ihrem Kopf hervorlugte. Da geschah etwas Eigenartiges. Als der Salbei, wie so oft in letzter Zeit, wieder einmal verzückt auf das Reptil hinunterschielen wollte, sah er erstmals sein Spiegelbild auf der glänzenden Oberfläche des Tieres. »Das bin ja ich!« Der Salbei war erstaunt. Er hörte das Meer in der Ferne leise rauschen und empfand ein tiefes Gefühl von Frieden und Ruhe. Da wusste er, dass seine Suche ein Ende gefunden hatte. So nah war sein Ziel die ganze Zeit über gewesen und doch so fern!

Er schaute an sich hinab und wurde gewahr, dass er längst kräftige Wurzeln geschlagen hatte. Vielleicht, dachte er bei sich, vielleicht hätte dieser Platz auch an einer anderen Stelle sein können. Aber hier konnte er wachsen und hier hatte er eine wirklich gute Freundin gefunden. Denn durch die Eidechse wusste er nun endlich, was für eine wunderbare Pflanze er doch war, kraftvoll, schützend und voll der Liebe gegenüber anderen Wesen.

Von nun an lebte und wirkte der Salbei auf seine Weise fort. In seiner gewonnenen Klarheit war er oft Retter in größter Not. Mit der Zeit bemerkte er, dass er nicht nur die Eidechse unterstützen konnte. Da er sich ausgiebig mit dem Schwitzen beschäftigt hatte, weil es ihm einst selbst unangenehm gewesen war, konnte er nun auch denjenigen zur Seite stehen, die ebenfalls Angst vor Schweißgeruch hatten. Selbstbewusst bemerkte er, dass sein Duft ganz besonders war und mitunter Wunder wirken konnte.

Der Mond schaute wieder auf den Salbei hinunter. Diesmal war er zufrieden mit ihm. Die Pflanze hatte sich verändert. Ein neuer silberner Glanz lag auf seinen Blättern. Es war nicht zu übersehen: Der Salbei lebte jetzt das, was er war: ein ganz bedeutsames heilendes Kraut. Er war seinen Weg zu Ende gegangen. In *salvare*, das schon seit jeher in seinem Namen geschrieben stand, hatte er sich als Heiler erkannt.

Salbei – *Salvia officinalis*

Namensherkunft und Familie: Der Salbei gehört zur Familie der Lippenblütler, *Lamiaceae*. Volkstümlich wird er unter anderem auch Selve, Salbine, Zupfblatteln, Altweiberschmecken oder Götterspeise genannt. *Salvia* ist aus dem lateinischen »salvare« abgeleitet, was übersetzt »heilen, bewahren« heißt.

Ort, Pflanzenkunde und Ernte: Für arzneiliche Zwecke wird nicht der hier vorkommende Salbei verwendet, sondern der im Mittelmeergebiet wachsende *Salvia officinalis*, der sehr viel reicher an ätherischen Ölen ist. In Deutschland wird der vornehmlich aus Dalmatien stammende Salbei für Heilzwecke kultiviert. Die Pflanze hat elliptische, gegenständige **Blätter**. Sie sind weich und filzig. Die vierkantigen **Stengel** sind im unteren Teil verholzt. Die lila bis blassblauen Lippen**blüten** wachsen an deren Spitzen in Quirlen. Der Halbstrauch kann bis zu 60 cm hoch werden. Für Heilzwecke sollte man die Salbeiblätter vor der Blüte (Mai – Juni) ernten und schonend im Schatten trocknen. Es gibt weltweit rund 800 verschiedene Arten, zum Beispiel Schopfsalbei, Aztekensalbei, Muskatellersalbei und viele mehr.

Inhaltsstoffe, Heilwirkung und Anwendungen: Der Salbei ist reich an ätherischen Ölen (vor allem Campher, Salviol und Thujon). Diese haben eine desinfizierende und antibakterielle Wirkung gegen Krankheitskeime. Zudem hat er Gerbstoffe, Bitterstoffe und Flovonoide.
Salbeiwaschungen reduzieren die Milchsekretion und erleichtern das Abstillen. Die Gerbstoffe wirken zusammenziehend. Deshalb eignet sich der Salbei insbesondere zum Gurgeln bei Mund-, Rachen- und Zahnfleischentzündungen.

Äußerlich wird hierfür ein Infus (siehe Glossar) (10 - 15 Min. ziehen lassen) zubereitet. Ein Tee aus Salbeiblättern und Kamillenblüten zu gleichen Teilen verstärkt die Wirkung und kann für Wundumschläge und als feuchter Verband angelegt werden.

Innerlich kann Salbei als Infus 5 Min. gezogen oder als Tinktur gegen vermehrtes Schwitzen eingenommen werden, da er die Schweißdrüsensekretion hemmt. Die östrogenartigen Substanzen des Salbeis regulieren den Hormonspiegel und wirken sowohl in den Wechseljahren als auch bei Menstruationsbeschwerden unterstützend. Salbeitee regt die Verdauung an, fördert den Stoffwechsel und stärkt den Magen. Er ist bei Halsentzündungen, Husten und Erkältungen ein probates Mittel und kann auch als Fertigpräparat (etwa Bonbons) eingenommen werden.

Nebenwirkungen, Wechselwirkungen, Kontraindikationen: Bei **äußerlicher** Anwendung sind keine Nebenwirkungen zu erwarten. **Innerlich** sollte man auf Grund der Gerb- und Bitterstoffe den Salbei nicht überdosieren, da diese sonst Magenbeschwerden auslösen können. Auf Grund des hohen Thujon-Gehalts dürfen Salbeitinkturen nicht länger als 4 Wochen eingenommen werden, da dieser Stoff bei Überdosierung Nervenzellen schädigen kann. Dies kann zu epileptischen Krämpfen führen. In der Schwangerschaft ist Salbei kontrainduziert.

Merkmale, Besonderheiten, Geschichten: Salbei galt in der Antike als Wunderheilpflanze, die die Menschen angeblich sogar vor der Pest und dem Tod schützen konnte. Ein arabisches Sprichwort besagt: »Was fürchtest du den Tod, wenn du doch Salbei im Garten hast.« Früher desinfizierte man die Krankenhäuser, indem man mit der Pflanze räucherte. Diese Räucherungen reinigen auch heute noch die Atmosphäre von Häusern und Räumen und fördern die Konzentration vor Meditationen.

Der Salbei soll nach neuesten Forschungen anregend und stärkend auf das Gedächtnis wirken. Dies war jedoch bereits den Schülern der Philosophen in der Antike bekannt. Sie kauten seine Blätter, um ihre Denkleistung zu stärken. Frische Salbeiblätter gehören zu den aromatischen Küchenkräutern und machen fette Speisen verträglicher, da sie die Verdauung anregen. Bei vergessener Zahnbürste im Urlaub kann die Pflanze als »Wiesenzahnbürste für unterwegs« einspringen. Dazu wird ein Salbeiblatt um den Zeigefinger gewickelt. Damit können die Zähne gerubbelt werden.

Als im Jahre 1630 in Toulouse die Pest ausgebrochen war, plünderten Räuber ohne Angst, sich anzustecken, die Leichname aus. Als man sie gefasst und zum Tode verurteilt hatte, versprach man ihnen die Freilassung, wenn sie ihr Geheimnis der Immunität verrieten. Sie gaben preis, dass sie Salbei, Thymian, Lavendel, Rosmarin und einige andere Bestandteile in Essig eingelegt und ihren ganzen Körper damit abgerieben hatten. Alle diese Ingredienzen sind für ihre desinfizierende Wirkung bekannt. Das Räuberrezept ging als »Pestessig« in die Geschichte ein.

Salbei ist auch eine Marienpflanze, die an Mariä Himmelfahrt wichtiger Bestandteil des Kräuterbuschen ist. Der Legende nach suchte Maria auf der Flucht nach Ägypten mit ihrem Jesuskind Schutz unter den Blättern eines Salbeibusches.

Wesen der Pflanze: Der Salbei könnte sowohl dem Halschakra (siehe Glossar) als auch dem Sakralchakra zugeordnet werden. Das Halschakra hat Einfluss auf Kehlkopf, Stimmbänder, Mandeln, Ohren, Atmung, Lungen, Bronchen und anderes. Auf einige dieser Organe vermag der Salbei unterstützend einzugreifen. Zudem kann er auch bei Wechseljahrsbeschwerden eingesetzt werden und könnte deshalb auch im Sakralchakra (Geschlechtsorgane, Becken, Sexualität) seine Entsprechung finden. Interessant ist, dass diese beiden Chakren aufeinander bezogen sind. Bei allen Themen im Bereich des Halschakras ist auch das Sakralchakra zu prüfen und umgekehrt. Deshalb werden diese Chakren in der Regel auch paarweise behandelt.

Laut Bruno Vonarburg unterstützt der Salbei Menschen, die bedrückter Stimmung, gleichgültig und antriebslos sind und keinen rechten Sinn mehr im Leben sehen. Der im Winter ausgedörrte Strauch erblüht im Frühjahr neu, entfaltet sein belebendes Duftaroma und symbolisiert auf diese Weise seine Regenerationsfähigkeit.[5] Salbeitee stärkt die Nerven, und die Salbeitinktur schafft eine stabile und ausgeglichene Stimmung.

Salbeispagetti

Zutaten: Eine Handvoll frischer Salbeiblätter, eine Knoblauchzehe, etwas Olivenöl, Ziegenkäse, Tomaten, Oliven, Salz, Pfeffer, Parmesan, Spagetti.

Anleitung: Die Salbeiblätter zusammen mit einer Knoblauchzehe kleinschneiden und in Olivenöl oder Butter von beiden Seiten leicht anrösten, die restlichen Zutaten hinzugeben und mit Salz und Pfeffer würzen. Alles über die gekochten Spagetti geben und mit geriebenem Parmesan verfeinern.

Salbei-Dip

Zutaten: Eine Handvoll ungeschälte Mandeln, 200 g 10%iger Joghurt, 2 EL Olivenöl, 1 frischer Salbeizweig oder 1 EL getrocknete Salbeiblätter, Salz, Pfeffer, gegebenenfalls Kreuzkümmel, Saft einer Zitrone oder Salbeiblütenessig.

Anleitung: Grob gehackte Mandeln in der Pfanne rösten, frische Salbeiblätter sehr klein schneiden oder die trockenen Blätter zwischen den Händen zerreiben; Joghurt mit Olivenöl, Zitronensaft oder Essig vermischen, Mandeln und Salbei untermischen, mit den Gewürzen abschmecken. Dazu schmeckt Weißbrot und Weißwein.[6]

Die Engelwurz

Das Licht

Engel sind überall. Aber die Engelwurz gibt es nur an ganz besonderen Orten. Wie diese einst die unterirdischen Bewohner rettete und Himmel und Erde miteinander verband, davon handelt die folgende Geschichte:

Es herrschte helle Aufregung unter der Erde. Das Licht war verschwunden. Und ohne Licht konnten sie nichts sehen, überhaupt nichts! Das Erdvolk, wie man diejenigen nannte, die unter der Erde lebten, war verzweifelt. Regenwürmer, Käfer, Trolle, Wichte und Gnome fanden sich in den zahlreichen unterirdischen Gängen nicht mehr zurecht. Wie sollten sie jetzt ihre tägliche Arbeit verrichten? Sie alle sorgten doch dafür, dass es denjenigen, die in der Erde ruhten und auf der Wiese wuchsen, gut ging. Sie massierten zum Beispiel die Wurzeln der Pflanzen oder fingen an, sie zu kitzeln, wenn sie im Frühjahr erwachen sollten, um wieder nach oben dem Himmel entgegenzustreben.

Vor einiger Zeit war alles noch in Ordnung gewesen. Da hatten die Glühwürmchen unter ihnen gewohnt. Mit ihrem Licht hatten sie die unterirdischen Höhlen und das Erdreich erhellt. So konnte das Erdvolk die Erde aufbereiten, die Wurzeln der Pflanzen bearbeiten und sie reichlich mit Nahrung versorgen.

Vor ein paar Tagen aber war ein Glühwürmchen neugierig geworden und hatte seinen Kopf aus dem Boden gestreckt. Was es sah, hatte ihm so gut gefallen, dass es eine Zeit lang über der Erde verweilen mochte. Dann hatte es sich zu allem Überfluss auch noch in eine Blume verliebt und beschlossen, erst einmal oben zu bleiben. Das sprach sich natürlich herum, und nach und nach streckten immer mehr Glühwürmchen ihre Köpfe aus dem Boden, schlüpften aus dem

Erdreich, putzten sehr lange Zeit ihre Flügel und verliebten sich ins Fliegen. Es war unmöglich, sie wieder nach unten zu locken. Das Erdvolk aber saß mit einem Male in der Finsternis. Es musste also dringend etwas geschehen!

»Wenn die Glühwürmchen uns nicht mehr leuchten, müssen wir die Engel bitten, uns zu helfen.« Die Blutwurz blickte die Heidelbeere an, die besorgt neben ihr saß. Es war einer dieser kalten Vorfrühlingstage, und die beiden befanden sich um diese Jahreszeit noch im Schoß der Mutter Erde und mussten nun mit ansehen, wie verzweifelt hier unten alle waren. Doch wie sollten sie die Engel bloß erreichen? Wie konnten sie, Blutwurz und Heidelbeere, den Weg aus der Tiefe der Erde zum Himmel finden?

Als die beiden noch so dasaßen und überlegten und immer noch keine Lösung in Sicht war, griff das Schicksal ein. Oben im Himmel ereigneten sich Dinge, von denen man später nicht mehr sagen konnte, sie seien rein zufällig geschehen.

Der Wind war übermütig geworden, und er fing plötzlich leidenschaftlich an zu blasen. Die Engel wurden heftig durcheinandergewirbelt und mussten sich an Wolkenfetzen klammern, um nicht in die Tiefe zu stürzen. Das schien ihnen sehr zu gefallen, denn jauchzend sprangen sie von einem Weiß zum nächsten. Doch da geschah es plötzlich, dass einer der Engel heftig niesen musste. Er griff daneben, verpasste die weiße Wolke, und bevor er noch seine Flügel ausbreiten konnte, fiel er in die Tiefe.

»Plopp« machte es plötzlich auf der Erde. An diesem kalten Frühlingstag war ganz unerwartet ein Engel vom Himmel gefallen und auf die Wiese geplumpst. Vorsichtig blickte er sich um. Wie wunderte sich der Engel, als er nun statt von Wolkenweiß und Mondsilber von lauter Erdfarben umgeben war. Wo war er bloß hingefallen? Hier war alles so fremd, ganz anders als dort, von wo er herkam. Als der Engel vorsichtig die Erde berührte, vernahm er plötzlich unter sich ein sonderbares Geräusch. Verängstigt zuckte er zurück. Hier wollte er nicht bleiben. Alles fühlte sich kalt und hart an, und nun begann auch noch der Boden unter ihm zu sprechen. Verzweifelt versuchte der Engel, wieder in den Himmel zu fliegen. Doch so sehr er auch mit seinen Flügeln ruderte, er kam nicht mehr vom Fleck, keinen Zentimeter.

Unter der Erde aber schrien zwei Pflanzen um die Wette. »Ein Engel ist auf unsere Wiese gefallen!« rief die Blutwurz aufgeregt. »Ich sehe ihn nicht!« Die Heidelbeere riss die Augen auf. »An Engel musst du glauben, bevor du sie erkennen kannst.« Die andere Pflanze warf ihr einen bedeutsamen Blick zu.

Verdutzt schaute der Engel sich um. Konnte er womöglich noch tiefer fallen? Lebte da noch jemand unter der Erde, auf der er gerade saß? Ängstlich klammerte er sich an einen Grashalm. Aber Engel sind auch furchtbar neugierig, und obwohl er wusste, dass ihn eigentlich nichts anging, was andere miteinander besprachen, hörte er mit der Zeit immer aufmerksamer zu.

»He, du da oben, kannst du mich hören?« Die Blutwurz formte einen Trichter aus ihren Blütenblättern. »Wir brauchen dringend Hilfe, es ist ganz finster bei uns da unten, wir hätten gerne etwas Licht!« Nichts geschah. »Der hört uns nicht.« Resigniert bedeutete die Heidelbeere ihrer Freundin, dass sie doch mit dem Rufen aufhören solle.

Aber der Engel vernahm sehr wohl den Ruf um Hilfe und das Bedürfnis nach Licht im Dunkel der Erde. Er wusste nur nicht so recht, was er tun könnte, um zu helfen. Als er müde wurde, legte er sich deshalb einfach auf den Boden und glitt hinüber, in das Land der Träume, in dem die Möglichkeiten unendlich groß sind. Und im Licht des Mondes, in einer eiskalten, glasklaren Nacht, verwandelte sich der Engel. Er wuchs zu einer Pflanze, prachtvoll und groß, er wurde zur Engelwurz. Ihre Wurzel drang tief in die Erde, und das ganze Licht des Engels bündelte sich darin. Sie strahlte und leuchtete und vermochte so, das ganze Erdreich zu erhellen.

Dort unten kam unverzüglich Leben auf. »Es ist wieder hell, wacht alle auf, los an die Arbeit! Oder wollt ihr euer ganzes Leben verschlafen?« Die Heidelbeere war die erste gewesen, die es bemerkt hatte und mit Feuereifer alle anderen zu wecken begann. »Das ist die Kraft des Engels.« Die Blutwurz blickte ehrfurchtsvoll nach oben.

Das Erdvolk leitete diese Kraft weiter, stärkte die Wurzeln der anderen Pflanzen, so dass diese in kurzer Zeit einen mächtigen Appetit verspürten auf Frühling und auf Leben. Über der Erde hatte die Engelwurz jedoch großes Heimweh bekommen, so dass sie versuchte, sich nach oben zu recken. Im Sommer schien sie mit ihrem mächtigen Blätterwerk schon fast bis ins Firmament zu reichen, und ihr stark würziger Duft überzog die Erde mit einem himmlischen Parfum.

Im nächsten Jahr wird ihr eine große Blüte wachsen, und aus ihren Samen werden neue Engelwurzpflanzen entstehen und zu blühen beginnen, und dann kann der Engel endlich wieder heimkehren, in das Land der weißen Wolken.

Es geschieht übrigens öfter, als man denkt, dass ein Engel vom Himmel fällt. Ich glaube jedoch nicht, dass es rein zufällig geschieht. Vielleicht warten sie nur darauf, dass man sie endlich beim Namen nennt, um dann den Sprung zu wagen und ein Stück vom Himmel auf die Erde zu tragen.

Engelwurz – *Angelica archangelica* L.

Namensherkunft und Familie: Die Engelwurz gehört zur Familie der Doldenblütler, *Apiaceae*. Volkstümlich wird sie unter anderem auch Heiligengeistwurz, Angst-, Zahn-, und Theriakwurz, Dreieinigkeitswurzel oder Heiligenbitter genannt. Ihren Namen bekam die Pflanze der Legende nach, als ein Erzengel einem frommen Mann erschien und ihn auf die heilenden Kräfte dieser Pflanze aufmerksam machte.

Ort, Pflanzenkunde und Ernte: Für arzneiliche Zwecke wird in der Regel die *Angelica archangelica* verwendet. Ursprünglich stammt die Pflanze aus den nordischen Ländern. Früher wurde sie in fast jedem Garten angepflanzt, heute ist sie eher verwildert am Waldrand, an Uferböschungen oder auf feuchten Wiesen zu finden. Die Engelwurz ist zweijährig. Im ersten Jahr bildet sie üppiges Blätterwerk aus, im zweiten Jahr wächst sie bis zu 2 Meter hoch und beginnt im Sommer zu blühen. Die dreifach fiederteiligen **Blätter** haben große bauchige Blattscheiden. Die Pflanze hat helle grünliche **Blüten**dolden. Der **Stengel** ist innen hohl, gerillt und hat eine rote Färbung. Für Heilzwecke erntet man im Herbst vor allem die Wurzel der einjährigen Pflanze. Dann steckt noch die ganze Kraft darin. Gelegentlich erntet man auch die Blätter vor der Blüte oder die Samen (von Oktober bis Dezember). Der Duft ist aromatisch und leicht süßlich. Achtung, es besteht Verwechslungsgefahr! Die Engelwurz kann mit giftigen Pflanzen wie dem Schierling, dem Riesenbärenklau, dem Kälberkropf und dem Rosskümmel verwechselt werden.

Inhaltsstoffe, Heilwirkung und Anwendungen: Die Engelwurz enthält ätherische Öle, Gerbstoffe, Bitterstoffe, Furanocumarine und Harze. Die Bitterstoffe der Pflanze wirken appetitanregend und verdauungsfördernd.
Äußerlich kann ein Engelwurzbad bei Rheuma angewandt werden.
Innerlich kann die Engelwurz als Infus oder Tinktur (siehe Glossar) vor allem bei Magenbeschwerden, Erkältungskrankheiten, Husten, Erschöpfungszuständen, Rheuma, Gicht und Wechseljahrsbeschwerden eingesetzt werden. Die Engelwurz ist menstruationsfördernd.

Nebenwirkungen, Wechselwirkungen, Kontraindikationen: Wegen der Furanocumarine können durch erhöhte Sonneneinstrahlung sowohl bei **innerlicher** als auch bei **äußerlicher** Anwendung Lichtempfindlichkeit und Hautreizungen auftreten. Die Engelwurz ist in der Schwangerschaft kontraindiziert, da sie die Gebärmutter anregt.

Merkmale, Besonderheiten, Geschichten: Die Engelwurz ist seit jeher fester Bestandteil des Theriaks, der heute mit dem Schwedenbitter vergleichbar ist und in früheren Zeiten als Allheilmittel galt. Da sie schon immer eine starke Heilpflanze war, machte sich die Engelwurz auch als Zauberpflanze einen Namen. Die getrocknete Wurzel, als Amulett um den Hals gebunden, bot Schutz bei Flüchen und Verwünschungen (Abwehrzauber). Die Stengel dieser Pflanze sind innen hohl und können deshalb als Naturstrohhalme verwendet werden.

Wesen der Pflanze: Wie wir nun wissen, kann die Engelwurz äußerlich bei Rheuma und Arthritis angewandt werden. Auf der Ebene der Chakren (siehe Glossar) wird bei Unbeweglichkeit und arthritisch-rheumatischen Veränderungen das Halschakra behandelt. Könnte hier eine Verbindung bestehen und die Engelwurz im Zusammenhang mit dem Halschakra gesehen werden? Der Partner des Halschakras ist das Sakralchakra. Diese beiden werden oft als Paar behandelt. Das Sakralchakra ist der Entstehungsort des Lebens, für zeugendes Leben verantwortlich und unter anderem für Geschlechtsorgane, Gebärmutter, Eierstöcke und Hoden zuständig. Somit steht die Engelwurz, die eine tonisierende Wirkung auf die Gebärmutter hat, auch mit diesem Chakra in Verbindung.

Da die Engelwurz auch bei Angstzuständen und nervlich bedingten Schlafstörungen gegeben wird, könnte auch ein Blick auf das Alta Major-Chakra geworfen werden, das in engem Zusammenhang mit dem Nervensystem gesehen wird und bei negativen Erinnerungen, die Angst auslösend sein können, zu behandeln ist.

Auch das Kopfchakra kann hinzugezogen werden, da es, wie die Pflanze selbst, eine Verbindung zwischen Himmel und Erde herstellt.

Gleich der Gebärmutter strahlt die Engelwurz Schutz und Geborgenheit aus. Insbesondere die Hüllblätter dieser Pflanze, die aufgeblähten und gewölbten Blattscheiden, schützen die noch jungen Triebe vor den Naturgewalten. Die Engelwurz gleicht in ihrem Wuchs einem Schutzengel in Gestalt einer Pflanze. Mit ihrer Blüte strebt sie dem Himmel entgegen, bündelt das Licht und lässt es ihre hohlen Stengel hinunter bis in ihre Wurzeln gleiten. Denn schneidet man eine Wurzel auf, ist sie ganz weiß, hell und klar. Auf diese Weise entsteht eine Verbindung zwischen dem Himmlischen und dem Irdischen, und das Gefühl von Getrennt-Sein wird aufgelöst, zwei Welten verbinden sich miteinander. Die Pflanze lehrt uns, dass es keine Trennung gibt zwischen Himmel und Erde, Geburt und Tod, Diesseits und Jenseits. Das kann uns ein Trost sein beim Verlust eines Menschen, Mut machen und sowohl den Glauben als auch die Zuversicht stärken, sowohl im Leben als auch im Sterbeprozess. Nichts trennt uns. Auf diese Weise kann die Engelwurz eine hervorragende Trauerbegleiterin sein und beispielsweise in Form eines Brustbalsams tägliche Unterstützung bieten. Im Volksmund wurde die Engelwurz auch Angstwurz genannt und zum Beispiel bei Schlafstörungen, Hysterie und Melancholie gegeben.

Rezeptwelt

Engelwurzbad

Zutaten: 100 g kleingeschnittene Engelwurzwurzel

Anleitung: Wurzel in 1 l Wasser 15 Min. kochen, abseihen und in ein Vollbad geben.

Engelwurzbalsam

Zutaten: 10 g Engelwurzwurzeln, 100 g Öl, 5 Gewürznelken, 10 g Bienenwachs, 5 g Kakaobutter

Anleitung: Wurzel ausgraben und reinigen; 100 g Öl und eine geschnittene Engelwurzwurzel eine viertel Stunde bei geringer Wärme flüssig halten, Wirkstoffe werden extrahiert; in den letzten 5 Min. 5 Gewürznelken hineingeben (enthalten Eugenol = antibakteriell), abseihen; in das Auszugsöl Bienenwachs und Kakaobutter dazugeben, auf 70 Grad erwärmen, bis sich alles aufgelöst hat, dann erkalten lassen. Das Balsam kurz bevor es hart wird in kleine Töpfchen umfüllen, diese über Nacht noch nicht verschließen, sondern mit einem Papier bedecken, damit die Restfeuchtigkeit entweichen kann; beschriften.

Kandierter Engelwurzstengel

Zutaten: 500g Engelwurzstengel, 500g Zucker, Wasser

Anleitung: Blätter und Blüten von den Stengeln entfernen. Diese dann in kleine Stücke schneiden und in einem mit Wasser gefüllten Topf etwa 10 Min. kochen, dann die Stengel abseihen und abkühlen lassen. Die Haut abziehen und die Stengel in einem mit etwa 300 g Zucker gefüllten Topf wälzen und zwei Tage mit geschlossenem Deckel ruhen lassen. Danach alles in einem mit 300 ml Wasser gefüllten Topf köcheln, bis keine Flüssigkeit mehr vorhanden ist. Abkühlen lassen und den restlichen Zucker über die Engelwurzstücke streuen und zum Trocknen auslegen. Dann in einem luftdichten Gefäß aufbewahren. Kandierter Engelwurzstengel eignet sich als kleine süße Köstlichkeit für zwischendurch oder als Nachtisch.[7]

Der Engelwurzstengel muss sehr früh im Jahr geerntet werden. Wenn er holzig ist, kann man ihn nicht mehr essen.

Die Blutwurz und die Heidelbeere, welche in diesem Märchen die Nebenrolle einnehmen, werden hier kurz erwähnt.

Die Blutwurz – *Potentilla erecta*

findet man besonders häufig auf Waldlichtungen oder im Hochgebirge. Die Pflanze ist klein, wird nicht höher als 40 Zentimeter und hat leuchtend gelbe Blüten. Obgleich sie zu der Familie der Rosengewächse, *Rosaceae*, gehört, die normalerweise fünf Blütenblätter haben, besitzt die Blutwurz nur vier. Sie hat gefingerte, sehr zarte Blätter. Ihr verhältnismäßig großer Wurzelstock wird im Herbst geerntet, da dieser dann 20% Gerbstoffe hat. Die Blutwurz wird unter anderem bei kolikartigen und blutigen Durchfallerkrankungen, bei Brechdurchfall und Menstruationsbeschwerden eingesetzt. Sie sollte in keiner Reiseapotheke fehlen. Äußerlich kann die Wurzel pulverisiert über frische Wunden gegeben werden. Sie hilft auch bei Entzündungen in Mund- und Rachenraum, Hämorrhoiden und bei Verbrennungen. Vorsicht ist bei der Einnahme geboten; bei einer Überdosis kann es zu Magenbeschwerden und Erbrechen kommen. Menschen, denen ein geschützter Raum fehlt, kann die Blutwurz Halt geben und zudem zentrierend wirken.

Die Heidelbeere – *Vaccinium myrtillus*

hat lila-blaue Beeren, die sehr lecker schmecken. Für manch einen ist der Heidelbeerpfannenkuchen ein sommerliches Lieblingsgericht. Zudem ist sie ein wichtiges Heilmittel bei Durchfallerkrankungen und Beschwerden im Mund- und Rachenraum. Die Pflanze wächst gleichfalls wie die Blutwurz in lichten Wäldern oder in höher gelegenen Gegenden. Die beiden Gewächse stehen oft beisammen. Die Heidelbeere ist ein bis zu 50 cm hoher Halbstrauch und hat kleine eiförmige Blätter. Von Mai bis Juni hat sie weiße bis dunkelrosa glockenförmige Blüten und ab Juli kann man die lila-blauen Beeren ernten.

Die Arnika

Eine Hymne auf die Großmutter

Ich heiße Arnika, Arnika montana. Ich bin eine Bergblume. Es gab eine Zeit, da wollte ich leicht sein, frei und leicht, vogelleicht! Als ich mir dies so sehr wünschte, war ich noch eine junge und unerfahrene Pflanze. Heute ist mein vierter Geburtstag, und ich komme gerade von einer sehr langen Reise zurück.

Vor dieser Zeit, als ich noch eine ungestüme Bergblume war, stand ich wie immer auf meiner grünen Wiese und ließ den Wind durch die Blütenblätter sausen. Ich liebte es, mich in den Tropfen des Frauenmantels zu betrachten, der an meiner Seite wuchs. Ich hing an meinem Freund, dem Johanniskraut, das mit seinem satten Gelb für mich strahlte, auch wenn der Himmel verhangen und grau aussah. Aber am meisten liebte ich meine Großmutter, die zugleich gütig und streng, liebevoll aber anspruchsvoll war.

Obgleich ich mich tief mit meiner Heimat verwurzelt fühlte, wollte ich die Welt erforschen, andere Orte kennenlernen und neue Erfahrungen machen.

Ich wollte mich nicht in die Regeln einfügen, die unser Leben bestimmten und die uns über Generationen weitergegeben wurden. Uns Arnikablumen fiel nämlich die Aufgabe des Heilens zu. Wir waren seit jeher als die Heilerinnen der Berge bekannt und hatten wohl deshalb auch den Spitznamen »Bergwohlverleih« bekommen.

Ich wollte mir aber mein eigenes Schicksal basteln. Unbedarft und temperamentvoll wie ich war, durstete ich nach der Freiheit und der Leichtigkeit des Seins.

Großmutter pflegte aber immer zu sagen: »Wir Bergwohlverleihs«, so nannte sie uns alleweil, »sind von sehr edler Natur und tragen unsere Fähigkeiten weiter, von Pflanze zu Pflanze, Jahr für Jahr, immerfort.«

Ach, die liebe Großmutter! Was wusste sie schon von den Wünschen, die eine junge Bergblume im Herzen bewegte. Ich wollte Tänzerin werden und keine Heilerin.

So sehr ich auch versuchte, leicht zu werden und meine Wurzeln aus dem Boden zu ziehen, die Erde ließ mich nicht los.

Doch ich träumte davon, zart wie eine Feder über den Boden zu tänzeln und mit graziösen Bewegungen die anderen zu bezirzen und alle Herzen zu berühren. Ich wollte berühmt werden. »Arnika montana«, würden sie eines Tages sagen, »die einzige Tänzerin der Pflanzenwelt gibt wieder einmal ihr Können zum besten«, und alle, alle würden kommen. So träumte ich vor mich hin und bekam oft die Wut und den Ärger der anderen zu spüren, wenn ich wieder einmal nicht aufgepasst hatte, als über die Herstellung der vielgepriesenen Arnikasalbe oder die haltbare Tinktur gesprochen wurde. Dann bekam ich Extrastunden aufgebrummt, um alles nachzuholen, was mir fehlte. Unter der strengen Aufsicht der Großmutter musste ich büffeln, bis auch ich die Rezepturen alle auswendig konnte.

Eines Nachts geschah es dann plötzlich. Als die Glocke der Bergkapelle gerade zwölf Uhr Mitternacht schlug, erschien mir plötzlich ein merkwürdiger Kerl. Er trug einen lila Kittel, stand aufrecht da wie ein nach oben gerichteter Zeigefinger und hatte viele dicke Hüte auf dem Kopf und einen Stab bei sich, den er blitzartig auf mich gerichtet hielt.

»Was willst du von mir?« rief ich bang. Dieser Geselle machte mir Angst. Seine Augen waren kühl und verhießen nichts Gutes!

»Ich kann dir die Leichtigkeit schenken. Das ist es doch, wonach du dich sehnst?« säuselte er mir zu. Mein Herz begann zu rasen, und ich bekam vor Aufregung kein Wort heraus. »Was starrst du mich so an, hat es dir die Sprache verschlagen?« Mit einem sonderbaren Grinsen im Gesicht, das mir nicht geheuer war, sprach der Kerl weiter. »Wie du dir denken kannst, hat das natürlich seinen Preis!« Er machte eine kleine Pause, und das unwohle Gefühl in mir wurde noch stärker. Dennoch überlegte ich schon, was ich ihm wohl anbieten

könnte. »Gib mir deinen Namen«, fing dieser sogleich an, mit mir zu verhandeln, als hätte er bereits meine Gedanken erraten, »dafür bekommst du von mir die Leichtigkeit, die du dir wünschst, und du wirst Tänzerin sein.« Er warf mir einen fordernden Blick zu. »Wie bitte?« wunderte ich mich. »Ich soll dir meinen Namen geben und dafür werde ich leicht sein und tanzen können? Ist

das alles, was du willst?« Mir wurde ganz heiß, und ich begann vor Aufregung zu zittern. »Das Leben ist viel leichter, als du denkst«, entgegnete dieser Geselle beiläufig, und ehe ich recht wusste, wie mir geschah, ging ich den Tauschhandel mit ihm ein, nicht wissend, was alles damit verbunden war.

Kaum hatte er mein leichtes Nicken bemerkt, schossen bunte Blitze aus seinem Stab und ein heftiger Funkenregen prasselte auf mich nieder.

Das war das Letzte, was ich noch wahrnahm. Danach fiel ich in einen tiefen, traumlosen Schlaf.

Als ich wieder erwachte, bemerkte ich sogleich, dass sich etwas verändert hatte. Ich fühlte mich sonderbar schwerelos, und als ich an mir hinunterschaute, sah ich ein merkwürdiges Gestrüpp direkt unter meinen Rosettenblättern hängen. Das musste zweifellos meine Wurzel sein, die ja zuvor immer verborgen in der Erde steckte. Als ich sie so plötzlich entblößt betrachtete, spürte ich zu meiner eigenen Verwunderung, wie die Röte in mir aufstieg und ich beschämt zur Seite blickte.

Doch schnell wich die anfängliche Scham der Neugierde, und ich begann, die Fasern meiner Wurzel zu bewegen und die Enden wie einen Ballerinafuß graziös nach unten zu strecken.

Als ich glaubte, die richtige Tanzhaltung gefunden zu haben, wirbelte ich umher, vergaß das Hier und Jetzt ebenso wie Raum und Zeit. Wie eine Betrunkene torkelte ich vor Glück. Ich war endlich frei, ohne Fesseln und luftig leicht.

»Ich habe es geschafft!« jubelte ich. »Ich kann tanzen, tanzen, tanzen!« Und so tanzte ich einen ganzen Tag und eine ganze Nacht, so lange, bis der anfängliche Rausch nachließ und ich mich das erste Mal umzusehen begann. Ich traute meinen Augen kaum. Überall schwirrten andere Pflanzen, deren Wurzeln befreit waren, um mich herum. Gerade glitt ein nelkenähnliches Wesen an mir vorüber. »Hey«, rief es entrückt und »schwupps« war es auch schon wieder fort.

»Ich bin also nicht die einzige Tänzerin.« Ich war enttäuscht.

Wieder wurde ich beinahe von einer Pirouetten drehenden Blume gestreift.

Doch etwas Merkwürdiges hatten sie allesamt. Sie schienen auf sonderbare Weise der Wirklichkeit entrückt zu sein.

Ein langer Grashalm gluckste neben mir und grinste mich an: »Bist du die Neue? Willkommen in der Leichtigkeit des Seins, in der Schwerelosigkeit des luftigen, unbekümmerten Lebens.«

Unbekümmert, schwerelos und federleicht? Das war es doch, was ich gewollt hatte!

»Juhuhhhhh!« schrie ich und begann wieder zu tanzen, stürzte mich mitten hinein in die Masse wogender Blumen und in mein neues, nun luftig leichtes Leben!

Ich weiß nicht, wie lange ich so getanzt habe, einige Stunden müssen es wohl gewesen sein. Egal, aber dann streifte mein Blick beim Tanzen zufällig den Himmel. Abrupt blieb ich stehen. Eine gelbe, etwas größere und kräftigere

Pflanze, die mir tanzend gefolgt war, riss mich mit dem Schwung ihrer Drehung zu Boden. »Hast du dir weh getan?« Besorgt strich sie über meine Blüte. »Schau mal, dort oben«, entgegnete ich statt einer Antwort und zeigte auf die Wolke, welche direkt über uns stand. »Mir ist, als schaute mir das Gesicht einer alten Frau entgegen.« Verträumt blickte ich in den Himmel.

»Großmutter!« schoss es mir plötzlich durch den Kopf, und schon war es auch wieder vergessen. Doch ein Gefühl blieb zurück, das so ähnlich war wie Heimweh oder Sehnsucht.

Irgendetwas stimmt hier nicht, dachte ich bei mir. Ich muss den Kerl mit den vielen Hüten suchen, er wird mir bestimmt erklären können, weshalb wir unentwegt tanzen müssen. Tagelang suchte ich ihn, Pirouetten drehend bewegte ich mich vorwärts und vergaß unterwegs immer mal wieder, weshalb ich mich eigentlich auf den Weg gemacht hatte, bis ich dem Kerl endlich abermals gegenüberstand. Ich war erleichtert. Nun würde ich sicher Antworten auf meine Fragen erhalten. »Weshalb bin ich in letzter Zeit nur so vergesslich?« Hoffnungsvoll schaute ich den Kerl an und erschrak. Sein Gesichtsausdruck war kalt, und seine Augen blickten mich leer und düster an, als er mir antwortete:

»Hier im Land der Leichtigkeit vergesst ihr nach und nach all eure vorherigen Bindungen. Ihr werdet bald nicht mehr wissen, wo sich eure Heimat befindet, was euch lieb und wert war und wer ihr einmal ward, bevor ihr Tänzer geworden seid. Tanzen kann unendlich schön sein, aber ihr könnt von nun an nicht mehr stillstehen. Dies ist der Preis für eure Leichtigkeit und Freiheit. Schon vergessen, kleine Blume, du hast mir deinen Namen geschenkt, wie all die anderen Pflanzen hier und damit auch deine Erinnerung und deine Identität. Dafür hast du die Unbekümmertheit bekommen, die du wolltest, ein faires Tauschgeschäft will ich meinen.«

Selbstgefällig schüttelte der Kerl seine Blüten und wandte sich zum Gehen. Da spürte ich die Wut in mir aufsteigen »Du bist ein gemeiner Dieb!« Ich schluckte schwer. »Du brauchst dich nicht so aufzuregen!« Der Kerl wirkte gelangweilt und kühl. »Du wirst nicht mehr sehr lange merken, dass du dich

immer mehr verlierst, weil du bald gar keine Erinnerung mehr haben wirst.« Geringschätzig grinste er mich an.

»Aber ich will dir meine Erinnerungen nicht geben. Vielleicht will ich ja eines Tages wieder zurückkehren, zu… zu, naja, irgendwohin eben!« schrie ich verzweifelt.

»Ich fürchte, dafür ist es bereits zu spät. Je länger du tanzt, desto mehr wirst du vergessen, wirst du die Bindung zu deinem früheren Leben verlieren«. Der Kerl sah belustigt in mein unglückliches Gesicht.

»Du wirst nicht mehr nach Hause zurückfinden können. All den Pflanzen, die du hier tanzen siehst, ging es genauso wie jetzt dir. Auch sie haben das erst bemerkt, als es für sie bereits zu spät war.« Ich sackte in mir zusammen. »Gibt es denn wirklich keinen Weg mehr zurück?« Verzweifelt und entmutigt senkte ich meinen Blütenkopf zum Boden.

»Versuche, deinen Namen wieder zurückzubekommen, Bergblume.« Das klang nach einer anderen Stimme; sie hörte sich ganz weich und angenehm an. Eine weiße Wolke mit dem gütigen Gesicht einer alten Frau huschte an mir vorüber. »Du musst den Kerl dazu bringen, dass er seine Hüte vor dir zieht, darunter hält er nämlich all die Namen verborgen. Nur, wenn er dir deinen Namen zurückgibt, wirst du auch deine Erinnerung wiedererlangen. Finde ihn schnell, bevor du alles vergessen hast, hörst du, kleine Blume! Sonst wirst du bis in alle Ewigkeit tanzen.« Dann sah ich nur noch undeutlich eine weiße Wolke weiterziehen. Als ich mich dem Kerl wieder zuwenden wollte, war der jedoch bereits verschwunden.

»Frei und leicht zu sein«, dachte ich, »ist das nicht das gewesen, weshalb ich hierher gekommen bin? Habe ich am Ende eine Fessel gegen eine andere eingetauscht, um nun erst recht gebunden zu sein und bis in alle Ewigkeit tanzen zu müssen, um leicht zu sein?« – »Ach, was soll's«, wollte ich gerade sagen, als ich wieder in den Himmel schaute und eine weiße Wolke sah; eine Wolke mit dem Gesicht einer alten Frau. An wen erinnerte sie mich bloß? Es wollte mir nicht mehr einfallen.

Dennoch fühlte ich, dass ich anders war als die übrigen Pflanzen, die sich so scheinbar unbekümmert ihrem Schicksal ergaben. »Waren sie das wirklich oder versuchten sie nur, ihren Kummer über ihre immer größer werdende Leere im Tanz zu vergessen?« überlegte ich. Zwar überkam auch mich immer wieder der Drang zu tanzen, und beinahe wurde ich mitgerissen von der Begeisterung der Tänzer, aber ein anderes Gefühl in mir kämpfte immer wieder dagegen an. Und das Gesicht der Frau in der weißen Wolke, das jetzt immer öfter erschien, wenn ich in den Himmel schaute, ließ mich zum ersten Mal erahnen, dass man den Weg zum Glück und zur Freiheit nicht unbedingt über die Leichtigkeit zu gehen vermag.

Eines Morgens versuchte ich noch einmal, mich an meinen Namen zu erinnern. Ach, ich armselige Pflanze! Ohne Namen war ich ein Niemand, eine gewöhnliche Blume ganz ohne Bedeutung, ohne Gesicht und Inhalt! Da spürte ich plötzlich wieder Wut in mir aufsteigen, und ich beschloss, es mit dem Kerl, der mir so übel mitgespielt hatte, aufzunehmen. Den Hut wollte ich ihm vom Kopf stoßen, wollte unsere Namen einfangen und den seinen noch dazu, damit er spüren konnte, was es bedeutet, ohne Namen zu sein! Gleichzeitig versuchte ich, meine Wurzel wieder in den Boden zu bohren. Ich hatte den sehnlichsten Wunsch, sie tief in der Erde zu vergraben. Weshalb wollte ich das eigentlich? Ich wusste es nicht einmal mehr, aber ich ahnte, dass es sich sehr gut anfühlen würde, wohlig und warm.

Ich hatte mir dieses Treffen zwischen uns schon etliche Male vorgestellt. Als der Kerl eines Tages dann tatsächlich wieder vor mir stand und mich fragen wollte, weshalb ich in letzter Zeit so selten tanzte, schoss ich, von plötzlichem Zorn gepackt, auf ihn zu. Ich ergriff einen seiner vielen Hüte und versuchte, ihn von seinem Kopf zu stoßen. Doch zu meiner Verwunderung geschah nichts, gar nichts. Es fühlte sich an, als würde man in einen Haarschopf greifen, der festgewachsen war. Der Kerl lachte nur laut und ging davon. Sein höhnisches Gelächter begleitete mich noch bis tief in die Nacht.

Täglich kamen neue Pflanzen, die begeistert anfingen zu tanzen. Zwischen ihnen erkannte ich ein mir schon sehr vertrautes Gesicht. Die große gelbe Blume kam auf mich zugeeilt: »Hilf mir, Kleine, bitte, du bist ganz anders als wir«, flehte sie. »Meine Wurzeln schmerzen vom vielen Tanzen, was soll ich nur machen? Weil sie immer wunder werden, können sie sich nicht einmal mehr für kurze Zeit am Boden festhalten. Ich kann niemals stillstehen, um Atem zu holen.« Vertrauensvoll streckte sie mir ihre Wurzel entgegen. »Ich kann nichts für dich tun!« rief ich ihr deprimiert und bedrückt zu. »Ich lebe

wie du, ich habe auch nichts mehr, keinen Namen, kein Wissen und keine Wurzeln, die Halt suchend im Boden verankert wären.«

Verzweifelt richtete ich, wie so oft in letzter Zeit, meinen Blick gen Himmel zur weißen Wolke, die mich stets begleitete. Und ganz leise flehte ich jetzt: »Bitte, liebe Wolke, hilf mir, hilf uns Tänzern, unsere Namen wiederzufinden.« Ich streckte mich, und mitfühlend umarmte ich die große Gelbe, die tänzelnd vor mir auf und ab hüpfte, und unser beider Schicksal verband sich in der Trauer um den Verlust der Mutter Erde. Eine Träne kullerte aus meinem Blütengesicht, das ganz verschmiert und voll mit Pflanzensaft war, und tropfte auf die Wurzeln der gelben Blume. Diese blickte sogleich nach unten und begann verwundert, ihre Pflanzenteile zu bewegen. »Was hast du da gerade gemacht?« rief sie verdutzt. »Ich habe plötzlich keine Schmerzen mehr!« Behutsam streckte sie ihre Wurzeln in die Erde, und erleichtert hielt sie inne, um zu verschnaufen.

Da klopfte leise die Erinnerung an, und ich erahnte meine Aufgabe aus einer früheren Zeit. Augenblicklich wusste ich, was zu tun war. Diese sozusagen mit dem ersten Pflanzensaft aufgesogenen Lektionen hatten sich wohl unwiderruflich in mein Gedächtnis gegraben. Bald schon kamen andere Tänzer auf mich zu, denn die Kunde von der wundersamen Genesung der Gelben hatte sich schnell verbreitet. Behutsam behandelte ich all ihre wunden Stellen, Prellungen und Verstauchungen, die sie sich beim Tanzen zugezogen hatten. Am Abend war ich todmüde und versuchte, so gut es eben ging, etwas zur Ruhe zu kommen, bis mich die ersten leuchtenden Strahlen der Sonne an meiner hellen Blüte kitzelten.

Immer mehr Pflanzen kamen zu mir, um sich von mir behandeln zu lassen. Ihre Wurzeln waren immer wunder geworden und hatten begonnen, sich zu entzünden. Sie alle waren des Tanzens müde und wollten wurzeln, um sich im Leben wieder zu verankern, und waren doch verdammt zu tanzen bis in alle Ewigkeit!

Auf diese Weise wurde ich eine angesehene Blume, bekannt und berühmt. Zum Tanzen kam ich gar nicht mehr, da ich immerzu mit dem Heilen der

anderen Geschöpfe beschäftigt war. Nur schade, dass ich mir »keinen Namen machen« konnte, denn diesen hatte ich ja immer noch nicht wiedergefunden.

So überließ ich mich meinen trüben Gedanken, und traurig fügte ich mich in mein Schicksal. Da vernahm ich in der Ferne angsterfülltes Geschrei und Gestöhne. Ich folgte diesem Gezeter und rannte in die Richtung, aus der die Geräusche kamen. Das Gejammer wurde immer lauter. Abrupt blieb ich stehen und zögerte, weiterzugehen. Ich bekam Angst. Was, wenn es eine Falle war? Ich drehte mich um und wollte erst einmal Hilfe holen, als ich erneut einen leisen, verzweifelten Schrei vernahm. Es half nichts, ich musste sofort nachschauen, ob ich helfen konnte. Und dann sah ich es. Erstarrt blieb ich stehen. Vor mir hing ein riesiges Spinnennetz. Eine fette, übergroße giftige Spinne lauerte in einem Eck auf ihre Beute. Unweit von ihr hatte sich niemand anderes als dieser furchtbare Kerl in ihrem Netz verfangen und starrte völlig verängstigt zu der Spinne hinüber. Da bemerkte er mich. »So tu doch etwas, sie wird mich beißen und töten!« Als er so laut schrie, begann das Netz zu zittern, und die Spinne fing an, sich zu bewegen. Ganz langsam kam sie auf ihre Beute zu. Panisch schaute der Kerl mich an. Er wirkte gar nicht mehr böse, sondern bibberte am ganzen Körper wie Espenlaub, und seine aufgerissenen, angsterfüllten Augen schauten mich flehend an.

Ich wusste im ersten Moment gar nicht, was ich tun sollte. Dann kam mir eine Idee. Ich nahm meinen ganzen Mut zusammen und baute mich vor dem bedauernswerten Kerl auf. »Wenn ich dir helfe, dann hat das natürlich seinen Preis!« Siegessicher schaute ich ihn an. »Ich tue alles, was du willst«, flüsterte er nun ganz leise, aus Angst, die Spinne abermals zu reizen, »nur, bitte, rette mein Leben.« Ängstlich wartete er ab. »Gib mir und den anderen Pflanzen unsere Namen wieder«, gab ich leise zurück, obgleich es gar nicht nötig gewesen wäre zu flüstern. Der Kerl nickte fast unmerklich, indem er seine Augenlider senkte. Da ergriff ich einen großen Stock und hieb das Netz zwischen den beiden entzwei. Die Spinne lief verärgert über das Unterholz davon, und der Kerl fiel vor mir auf den Boden.

Ob er wohl Wort halten würde? Ich zweifelte daran. Doch da zog er auf einmal alle seine Hüte vor mir. Ich traute meinen Augen kaum. Hunderte von Namen purzelten heraus und schwebten schnell davon, um ihre passende Pflanze zu suchen.

Als ich wieder bei den anderen angelangt war, rief ich laut: »Ich heiße Arnika montana, Arnika, die Bergblume bin ich, erkennt ihr mich?« Die große Gelbe kam auf mich zu: »Hallo, ich bin die Sonnenblume!« jubelte sie. Alle riefen plötzlich ihre Namen in die Runde, immer wieder und wieder, als hätten sie Angst, sie abermals zu vergessen. Manche waren Heilerinnen wie ich, andere standen zur Zierde in den Gärten der Menschen oder sahen sich dazu berufen, ihre Speisen zu würzen. Doch wir hatten eines gemeinsam: Wir alle wollten vor langer Zeit einmal die Leichtigkeit kosten und hatten versucht, einen anderen Weg einzuschlagen als den, der uns bestimmt war.

Da stand plötzlich der Kerl wieder vor mir. Auch er hatte sich verändert, denn in seinen Augen lag ein sonderbarer Glanz. Er war durch sein Versprechen, das er gehalten hatte, wieder mit seinem Herz in Verbindung gekommen und hatte sich daran erinnert, dass er ein Spezialist für kranke Herzen war, die er zu heilen vermochte. Er war der Fingerhut. »Es tut gut, das zu tun und zu leben, worin man sich auskennt. Niemals wieder will ich mich mit fremden Namen schmücken«, sagte er noch, dann verlor ich ihn im Gewirr der anderen Pflanzen aus den Augen.

Glücklich schaute ich in den Himmel, aber die Wolke mit dem lieben Gesicht, das mich immer begleitet hatte, war verschwunden. »Ach, du liebste Großmutter!« Ich war dankbar und traurig zugleich. Wie recht sie doch hatte, man kann seiner Berufung nicht entfliehen. Es war nicht der Tanz, der mich berühmt gemacht hatte, sondern das Vermögen zu heilen.

Mit meinem Namen kam auch die Erinnerung an mein früheres Leben zurück. Und von einer plötzlichen Sehnsucht ergriffen, wünschte ich mir, wieder zurückzukehren, zu meinen Geschwistern, meinen Verwandten und Freunden und natürlich zu meiner Großmutter. – Wie erstaunt war ich, als ich mich im

nächsten Augenblick wieder auf meiner Bergwiese befand, zu Hause auf der Alb!

Verwirrt schaute ich mich um und überlegte: »Habe ich nur geträumt oder bin ich wirklich im Reich der Tänzer gewesen?« Da sah ich unweit von mir einen stattlichen Kerl zu mir herüberblicken. Er hatte einen lila Kittel an, ganz kleine Hüte auf dem Kopf, die ja nun leer und ohne Namen waren, und einen zerbrochenen Zauberstab in der Hand. Es war, als ob er mir zuzwinkern und seine Hüte ehrfurchtsvoll lupfen wollte.

Es war so schön, wieder zu Hause zu sein. Nur eines stimmte mich traurig: Großmutter war nicht mehr unter uns. Es tat gut, wieder auf meiner Wiese zu stehen und den matschigen, süßlichen Geruch der warmen Frühlingserde einzuatmen, meine Wurzeln tief in ihr auszustrecken, darin zu bohren und zu verweilen. Manchmal drehte ich den Kühen eine lange Nase, wenn sie versuchten, mich mit ihren großen Mäulern zu erwischen, und hin und wieder tanzte ich auch, wenn ich vom Wind dazu aufgefordert wurde. Dann dachte ich an die Zeit zurück, als ich eine große Tänzerin war.

Doch es kann nicht immer die Freiheit und die Leichtigkeit sein, an die man sein Herz heftet. Glück heißt nicht, immer nur leicht und frei zu sein. Das Glück ist vielschichtig, es zu kennen bedeutet, dem Leben begegnet zu sein in all seinen verschiedenen und zahlreichen Facetten. Denn nur wer auch die Schwere kennt und die eigene Kraft und Stärke zu spüren bekommt, wird manchmal auch das berauschende Gefühl der Leichtigkeit erfahren können, ohne sich selbst darin zu verlieren.

Niemand kann nur frei sein und federleicht, auch keine kleine Bergblume, die auf ihrer Wiese steht und zerzaust vom Frühlingswind doch manchmal noch insgeheim davon träumt, eine ganz berühmte Tänzerin zu sein!

Arnika – *Arnica montana* L.

Namensherkunft und Familie: Die Arnika gehört zur Familie der Korbblütler, *Asteraceae*. Ursprünglich kommt die Arnika aus Nordamerika. Es gibt wohl 32 verschiedene Arnika-Arten, aber nur die *Arnica montana* ist bei uns zu finden. Volkstümlich wird sie unter anderem auch Bergwohlverleih, Bergdotterblume, Christwurz, Engelkraut oder Kraftwurz genannt. Die Herkunft des Namens Arnika ist nicht eindeutig belegt. Der Artname »montana« weist auf das Vorkommen in den Bergregionen hin.

Ort, Pflanzenkunde und Ernte: Die Arnika wächst gerne in höheren Gefilden, obwohl man sie auch manchmal im Flachland sieht. Sie liebt magere Wiesen und Almen. Auch im Hochschwarzwald und in den Vogesen ist sie zu Hause. Besonders wohl fühlt sie sich auf saurem Boden. Die Pflanze hat eine Blattrosette. Die **Blätter** sind behaart, fleischig und eiförmig. Die den Margeriten ähnlichen goldgelben großen **Blüten** sitzen an der Spitze des Stengels, manchmal auch an den kleineren Neben-Stengeln. Die Blüte sieht immer wie vom Winde verweht und etwas unordentlich aus. Das macht sie so besonders. Die Zungenblüten sind am Ende dreifach gezackt und sitzen in einem behaarten Hüllkelch. Der ebenfalls behaarte **Stengel** hat meist ein bis zwei kleinere gegenständige Blattpaare. Die Pflanze kann bis zu 50 cm hoch werden. Die Blüten werden im Juli geerntet und im Schatten schonend getrocknet. Pflücken in der Natur ist aber verboten, da die Arnika unter Naturschutz steht. Sie gehört zu den gefährdeten Pflanzenarten. Für medizinische Zwecke legt man deshalb Kulturen an. Die Blüten werden dann im dritten Jahr gesammelt, danach geht die Ertragsmenge zurück. Es ist schwer, Arnika im eigenen Garten anzupflanzen.

Inhaltsstoffe, Heilwirkung und Anwendungen: Die Arnika enthält Helenaline, bittere Sesquiterpenlaktone, die allergische Reaktionen auslösen können, ätherische Öle (Thymol), Flavonoide, Bitterstoffe und anderes. Arnika ist eine sehr scharfe, stark wirksame Heilpflanze und sollte mit besonderer Vorsicht angewandt werden. Helenaline steigern die Kontraktionskraft des Herzens und können bei zu hoher Dosierung zum Herzstillstand führen. Aufgrund des ätherischen Öles besitzt die Pflanze eine entzündungshemmende und antibakterielle Wirkung.

Äußerlich wird sie hauptsächlich in Form von Tee oder verdünnter Tinktur (siehe Glossar) bei stumpfen Verletzungen, zur Wundreinigung, als Kompresse oder als Gurgellösung eingesetzt. Ihre durchblutungsfördernde und schmerzlindernde Wirkung hat Einfluss bei rheumatischen Beschwerden, bei Venenleiden und Furunkeln. Sie wirkt besonders abschwellend bei Blutergüssen, Verstauchungen und Schwellungen.

Innerlich wird die Arnika homöopathisch ebenfalls bei stumpfen Verletzungen, Unfallfolgen oder vor und nach Operationen verabreicht. 3 Kügelchen Arnika C 30 unter der Zunge zergehen lassen und danach 3 Kügelchen im Wasserglas aufgelöst, dienen der Menstruationsförderung bei Stauungen. Bergsteiger können mit 2 Tropfen Arnikatinktur auf 1 Stück Würfelzucker ihren Kreislauf anregen. Bei Erschöpfungszuständen kann man zum Beispiel bei einer Bergwanderung auf eigene Verantwortung eine Arnikablüte kauen. Bei Herzerkrankungen wird Arnika-Tinktur heute nur noch selten verordnet. Man sollte bei jeder inneren Anwendung von Arnika sehr vorsichtig sein, nicht selbst therapieren und immer erfahrene Therapeuten hinzuziehen.

Nebenwirkungen, Wechselwirkungen, Kontraindikationen: Bei **äußerlicher** Anwendung (Auflage höchstens 30 Min.) können starke allergische Hautreaktionen auftreten. Dann sollte man die Behandlung mit Arnikatee oder -tinktur unterlassen. Vorsicht bei Korbblütlerallergie! Die **innerliche** Anwendung wird nur in homöopathischer Dosis empfohlen. Eine volksheilkundliche Anwendung in Form von Tee oder Tinktur steht in eigener Verantwortung. Der Arnikaschnaps wurde früher bei Herzschwäche, Herz-Kreislauferkrankungen und bei akuten Schwächezuständen tropfenweise eingenommen. Die richtige Dosis zu finden, ist schwierig, die Einnahme daher riskant. Bei zu hoher Dosierung kann die Arnikatinktur das Gegenteil bewirken und zur Verschlechterung des Zustandes führen. Heute wird die innerliche Selbstmedikation nicht mehr empfohlen, da diese starke Herzrhythmusstörungen, Herzmuskellähmung, innere Blutungen, Durchfall, Schwindel oder einen Kreislaufzusammenbruch zur Folge haben kann. Bei Schwangeren kann die Einnahme eine Fehlgeburt auslösen.[8]

Merkmale, Besonderheiten, Geschichten: Die Arnika gehörte im Mittelalter zu den Zauberpflanzen. Johann Wolfgang von Goethe versorgte sein flatterndes Herz mit Arnikatinktur, und auch Sebastian Kneipp entdeckte die besonderen Heilqualitäten der Arnika. Man verwendete sie bei dem Ritual der Sommersonnenwende zusammen mit dem Johanniskraut. Der scharfe zimtartige Geruch der Pflanze kann die Schleimhäute reizen. Deshalb wurden die Blätter der Pflanze zusammen mit Huflattichblättern zuerst getrocknet und dann als Kräutertabak geraucht.

Die Wiesenarnika (*Arnica chamissonis*) hat ähnliche Wirkstoffe wie die *Arnica montana* und ist leichter zu kultivieren. Deshalb wurde sie früher ersatzweise angebaut. Inzwischen gelingt auch der Feldanbau der *Arnica montana*, und so wird diese Heilpflanzenart wieder vermehrt kultiviert.

Wesen der Pflanze: Die Arnika liebt saure Moorböden. Auch auf einem Boden, der aufgrund von Baumfällungen oder Sturmbruch eine Verwesungsschicht aufweist, wächst die Arnika. Durch die Vorliebe der Pflanze für faulende Substanz könnte der Eindruck entstehen, sie hätte eine gewisse Affinität zu Verwesung, Tod, Verletzung und Übergängen. Vielleicht hat sie gerade deshalb so starke heilende Fähigkeiten bei Verletzungen des menschlichen und tierischen Körpers, eine Stärke, die aus dem Leid hervorzugehen vermag. Arnika wird deshalb auch bei Trauer und Traumatisierung homöopathisch gegeben. Nach Bruno Vonarburg ist sie ein Notfallmittel bei Zuständen von Angst, Verwirrung und Schock.[9]

Oft wird im Herzchakra (siehe Glossar) die Trauer gespeichert; vor allem die Trauer, die man nicht annehmen will. Wenn man die Trauer verdrängt, gewinnt sie aber immer mehr an Macht. Behandelt man das Herzchakra, kann die Trauer gelöst werden und Tränen die angestaute Energie lockern. Das Solarplexuschakra ist unsere stärkste Verbindung zu unserer Emotionalität und wird bei Schock behandelt. Auch die Arnika wird homöopathisch bei Schock verabreicht. Vielleicht kann man die Behandlung dieser Chakren mit der Arnika, sowohl in feinstofflicher als auch in stofflicher Form, unterstützen.

Wo über mächt'ges Felsgestein
der wilde Bergfluss jagt,
und seiner Quellen Heimatort
»Leb wohl auf immer« sagt,
wo tosend er in grauser Schlucht
dem tiefen Abgrund nah –
still trauernd wiegt im Wind ihr Haupt
die gold'ne Arnika.

Dort, wo der Mensch Lieb und Hass
nicht lodert hoch empor,
dort wo die Ruh ohn' Unterlass
zaub'risch umspinnt das Ohr -
da trägt zu des Gebirges Ruhm
dem blauen Himmel nah, ein Festgewand im Heiligtum
die gold'ne Arnika.

Emil Schlegel, *Religion der Arznei*

Rezeptwelt

Arnikaschnaps

Zutaten: Arnikablüten, Obstler, verschließbares Glas

Anleitung: Traditionell wird für einen Arnikaschnaps 40 - 46 %iger Obstler verwendet; ein Glas zu 2/3 mit Arnikablüten füllen (aus der Apotheke, selbst sammeln ist verboten), das Glas bis ganz oben mit dem Obstler auffüllen, 3 Wochen an einem hellen Ort stehen lassen; abfiltern, beschriften und dunkel lagern; 2 Jahre haltbar. Bei innerlicher Einnahme immer sehr stark verdünnen.

Massageöl

Zutaten: 1 TL frische Arnikablüten, 2 TL Ringelblumenblüten; ein paar Blüten frischen Thymian; 1 L Mandelöl

Anleitung: Die Blüten in dem Öl 3 Wochen an einem sonnigen Ort ausziehen, ab und zu schütteln. Danach abgießen und beschriften. Das Massageöl nach dem Duschen einreiben, entspannt Muskeln und Nerven und glättet die Haut.

Verdünnte Arnikatinkturen

Wundreinigung: 1 TL Arnikatinktur und 2 EL abgekochtes lauwarmes Wasser
Kompresse: 1 EL Tinktur und 10 EL Wasser
Gurgellösung: 10 Tropfen auf 100 ml Wasser

Der Fingerhut, welcher in diesem Märchen die Nebenrolle einnimmt, sei hier kurz erwähnt.

Der Fingerhut – *Digitalis purpurea*

ist eine bis zu zwei Meter hohe Pflanze mit ovalen Blättern und Blüten, die einem Fingerhut ähneln, daher der deutsche Name. Er wächst bevorzugt am lichten Waldrand. Die Pflanze wird hauptsächlich bei Herzschwäche angewandt, weil sie sehr giftig ist, aber nur in verschriebenen Fertigpräparaten oder in der Homöopathie. Von einem Tee oder einer Tinktur ist dringend abzuraten. Allein zwei Blätter der Pflanze können bei Verzehr tödlich sein. Es kann zu Herzrasen, Übelkeit, Erbrechen, Schwindel, Sehstörungen, Atemnot und schließlich zum Herzstillstand kommen. Notfallmaßnahmen sind: Magen auspumpen, medizinische Kohle verabreichen oder starken Kaffee trinken.

Die Kamille

Calantha und Hannibal

Calantha stand am Abgrund und schaute voller Furcht in die Tiefe. Jemand wollte sie hinunterschubsen. Die kleine Kamillenpflanze zitterte vor Angst. Sie war am Ende ihrer Kräfte und fragte sich, wie lange sie noch durchhalten könnte. Verzweifelt hielt sie sich an einem blühenden Kirschzweig fest. Da, plötzlich, bekam sie einen noch kräftigeren Stoß. Der Ast, der ihr letzter Rettungsanker gewesen war, brach, und sie fiel in den Schlund der gewaltigen Schlucht.

Von Ferne hörte sie eine tiefe Stimme, die deutlich ihren Namen rief: »Calantha, Calantha, wach auf!« Als die kleine Pflanze ihr Blütenköpfchen hob, blickte sie direkt in ein Paar dunkler kugelrunder Augen. »Bin ich tot?« die Pflanze war verwirrt. Die Augen schienen zu antworten: »Sehe ich aus wie ein Engel?« Da erst kam Calantha richtig zu sich und wich erschrocken zurück, als sie sah, wer da vor ihr saß. »Keine Angst«, schmunzelte der große Mümmler, »ich werde dich nicht fressen. Für uns Mümmelmänner seid ihr doch nur von Interesse, wenn unser Bauch uns drückt.« Der dicke Hannibal strich sich mit der rechten Pfote genüsslich darüber. »Ich aber erfreue mich, wie du siehst, bester Gesundheit.«

Calantha entspannte sich ein wenig. So schlecht hatte sie schon lange nicht mehr geschlafen, ein grässlicher Albtraum war das gewesen. Ganz zerzaust, ihre schneeweißen Zungenblüten standen noch etwas wirr von ihrem gelben Blütenköpfchen ab, benötigte Calantha erst ein paar Minuten, bis sie antworten konnte. »Was gibt es denn so Dringendes, dass du mich aus meinen

Träumen reißt?« Ihr Ton war gar nicht so ärgerlich, wie er hätte klingen sollen, denn insgeheim war sie natürlich sehr froh darüber, dass der Mümmler sie geweckt hatte. Immer noch misstrauisch schaute sie dieses große Tier mit den langen Ohren argwöhnisch an. Sein ehemals dichtes graues Fell war vom vielen Herumstreunen sehr struppig und stumpf geworden. Aber seine muskulöse, stämmige Statur und die großen Lauscher verliehen ihm noch immer ein stattliches Aussehen.

»Ich muss dir eine Geschichte erzählen«, erwiderte Hannibal eifrig. Er genoss die bedeutsame Rolle, die ihm ab und an als Geschichtenerzähler zufiel. »Sie handelt von euch, den Kamillen. Möchtest du sie hören?« Er schaute die

Pflanze erwartungsvoll an. »Aber ja!« Calantha liebte Geschichten, ob sie wahr waren oder bloß erfunden. »Warte, ich sage es noch schnell den anderen Kamillen, sie werden bestimmt auch neugierig sein.«

Das war nun ein lustiges Bild. An einem Sommermorgen hatte sich im Nu ein wogendes Kamillenfeld in erwartungsvoller Stille um Hannibal versammelt. Dieser räusperte sich betulich, zupfte mit gewichtiger Miene einige Barthaare zurecht und begann zu erzählen:

»Es gibt ein Land, in dem die Kamille schon immer hoch angesehen und als wichtigste Heilpflanze geschätzt wurde. Ich spreche vom Alten Ägypten im nordöstlichen Afrika. Dort galt die Pflanze als heilig, denn die Menschen wussten, dass die Kamille wahre Wunder bewirken konnte. So setzten sie dieses Kraut in jener Zeit für beinahe alle Leiden des Körpers ein. Ob triefende Nasen, krampfende Bäuche oder nicht heilen wollende Wunden, die Ägypter verlangten unter der Vielzahl der Kräuter immer nach der Kamille. Deshalb wurde sie sogar als die Blume des Sonnengottes Re verehrt.

Das ärgerte verständlicherweise andere Pflanzen, die ihr Leben lang unbeachtet von den Menschen ein schattenhaftes Dasein fristen mussten. Es begab sich aber, dass ausgerechnet neben den Kamillen auch die Hundskamille wuchs. Ihr kennt sie vermutlich, denn auch hier wächst sie gerne an eurer Seite.« Hannibal machte eine kurze Pause. »Ja gewiss, die kennen wir gut«, warf Calantha ein und schüttelte verächtlich ihren zarten Blütenkopf. »Sie möchte uns gleichen, ahmt uns nach und zieht sogar das gleiche Blütenkleid an, um auszusehen wie wir.«

»Und doch wird sie uns niemals gleichen!« rief eine andere Kamille entschlossen dazwischen, »denn trotz des ähnlichen Aussehens vermag sie keinerlei Heilwirkungen zu erbringen.« »Das weiß ich wohl«, antwortete der Mümmler beflissen. »Aber dort, im fernen Ägypten, soll es vor vielen Jahren jemanden gegeben haben, der sich getäuscht und die beiden irrtümlich miteinander verwechselt hatte. Dies sollte ein folgenschwerer Fehler sein.« Geheimnistuerisch schaute Hannibal in die Runde.

»Woher weißt du das denn alles?« wollte eine der Kamillen wissen. »Mein Großvater hat es mir vor ein paar Tagen erst erzählt, und der weiß es von seinem Vater und so fort. Wir Mümmler schnappen viele Geschichten auf, die man sich erzählt, wegen unserer langen Ohren, müsst ihr wissen.« Hannibal holte tief Luft und fuhr fort zu erzählen.

»Eines Tages litt der Pharao von Ägypten unter entsetzlichen Krämpfen im Unterleib. So schickte er seinen kräuterkundigsten Mann in den herrschaftlichen Garten mit dem Auftrag, die Kamille zu ernten. Denn ein Tee aus diesem Kraut, so wusste er, hatte ihm schon immer geholfen. Djadi, der Kräutermann, war zu dieser Stunde aber mit seinen Gedanken nicht ganz bei den Pflanzen. Sein Herz schlug für die schöne Tochter des Pharaos, und gerade heute hatte er ihr seine Liebe gestanden. Als er dann auch noch erfahren durfte, dass die Angebetete seine Gefühle erwiderte, verfiel er in einen Liebestaumel, der ihn für kurze Zeit unaufmerksam werden ließ.

›Das ist die Gelegenheit für mich‹, dachte sich die Hundskamille hämisch, als sie seinen abwesenden Blick bemerkte und fasste ganz schnell einen Plan. Sie wollte alles versuchen, um auch eines Tages einmal den Ruhm und das Ansehen der Kamille zu genießen. Neidisch hatte sie all die Jahre mit ansehen müssen, wie überaus erfolgreich und beliebt diese Pflanze war. Die Hundskamille wünschte sich nichts mehr, als auch einmal die Pflanze des Sonnengottes Re zu sein.

Gerade in dem Moment also, als der junge Mann nach der Kamille greifen wollte, zwängte sie sich dazwischen und reckte sich erfolgreich seinen Händen entgegen. Nichtsahnend schnitt Djadi die falsche Pflanze ab und kochte aus ihr einen Tee. Als der Pharao davon getrunken hatte, ließen seine Krämpfe aber nicht nach, im Gegenteil, hinzu kamen noch unzählige Rötungen auf seiner Haut, die schrecklich zu jucken begannen. Da der Herrscher anfangs noch auf sein Herz hörte, wollte er nicht glauben, dass die Symptome von den Kamillen herrührten. Erst als der Wesir, sein Stellvertreter, ihm beteuerte, er hätte den Kräutermann mit der Kamille gesehen, wurde er schließlich doch noch wütend auf diese Pflanze. Nachdem der Pharao nach langwieriger Krankheit

endlich auch ohne pflanzliche Hilfe wieder genesen war, tat er sogleich einen ersten Morgenspaziergang durch seinen Garten. Die durchtriebene Hundskamille war bei seinem grimmigen Anblick bereits in Deckung gegangen, und so fiel dem Mann die ahnungslose Kamille ins Auge, die ihn, so glaubte er nun, in seinen schweren Stunden im Stich gelassen hatte.

Der Pharao ließ, ohne zu überlegen, diese Pflanze aus seinem Garten entfernen, und ungeachtet all der Tränen seiner Tochter verwies er Djadi des Hofes. Seit diesem Tag waren die Ägypter nicht mehr gut auf die Kamille zu sprechen, nur oben im Himmel wusste man, was wirklich geschehen war.«

Hannibal verstummte. War dies schon das Ende seiner Erzählung? Unter den Kamillen herrschte ratloses Schweigen, sie waren enttäuscht vom Ausgang der Geschichte. Die Sonne hatte mittlerweile ihren höchsten Punkt erreicht, und die bleischwere Mittagshitze des Sommers legte sich lähmend auch auf die Gemüter der Pflanzen.

Erst am Abend, als es wieder etwas kühler geworden war, fingen die Kamillen gemeinsam an zu überlegen, wie man den Unterschied zu dieser anmaßenden Doppelgängerin aufzeigen könnte. Jedenfalls beschlossen sie, in Zukunft viel achtsamer zu sein und jeder Hundskamille in ihrer Nähe gehörig die Meinung zu sagen. Der Mümmler schnarchte schon lange unter einem Baum und träumte von Afrika.

Als Calantha am nächsten Morgen erwachte, hatte sie ziemlich schlechte Laune. Schon wieder hatte sie unruhig geschlafen, denn immerzu war die Hundskamille durch ihre Träume geschlichen. Sollte diese am Ende Unheil prophezeien? Ziemlich durcheinander machte sich Calantha auf, den Mümmler zu suchen.

»Bitte Hannibal«, bat Calantha ihn flehend, als sie ihn Löwenzahn fressend in der Nähe des alten Baumes fand, »erzähle mir die Geschichte weiter.« Der

Mümmler grinste breit über beide Ohren, als er ihren besorgten Blick bemerkte. »Du glaubst, dass die Geschichte weitergeht?« murmelte er beiläufig, während ein kleiner Schalk um seine Mümmelnase spielte. »Tut sie das denn nicht?« stammelte die Kamille, fürchtend, dass sie doch mit diesem bitteren Ende würde leben müssen. »Doch, doch«, beschwichtigte er zwinkernd und wackelte aufmunternd mit seinen langen Ohren. »Pass auf, ich werde die Geschichte zu Ende bringen.« Er setzte sich zu ihr und begann wieder zu erzählen:

»Ägypten, dieses Land besteht hauptsächlich aus Wüste und Sand. Sand, nichts als Sand, wohin das Auge reicht. Wie sollte hier die Kamille, vom Hofe verbannt, durchkommen? Die Prinzessin hatte nach dieser Tragödie noch lange Zeit Boten ausgesandt, die nach ihrer Pflanze Ausschau halten sollten. Irgendwann wurde die Suche dann eingestellt. Keiner glaubte mehr daran, dass die Kamille in dieser Ödnis überlebte.

Doch man erzählte sich, dass ein großgewachsener Mann auf eigene Faust in der Wüste weiterhin nach den Kamillen suchte und er irgendwann auf drei kleine und drei größere steinerne Pyramiden gestoßen war. Das, was sich plötzlich hier vor ihm erstreckte, war eines der großen Wunder dieser Welt. In Sichtweite konnte er ein fruchtbares Flussdelta erkennen. Eine ganz klare Linie trennte die grüne Pflanzenwelt von der öden Wüste, die er tagelang durchschritten hatte. Es sah aus wie eine Trennung von Leben und Tod.«

Hannibal unterbrach seine Geschichte, um die Spannung noch zu steigern. Calantha schaute auf. Plötzlich vernahm sie ein leises Niesen, und als sie sich umdrehte, sah sie, dass sich alle Kamillen wieder still um sie versammelt hatten und ebenso gespannt der Geschichte des Streuners lauschten.

»Beschreibe es ausführlicher«, platzte Calantha aufgeregt heraus. »Wie sah es genau aus, dieses grüne Wunder?« Aufgeregt wiegte sie sich hin und her.

»Das Wunder bestand aus hochgewachsenen Dattelpalmen, Johannisbrotbäumen mit knorrigen Stämmen und aus Maulbeerbäumen mit brombeerartigen Früchten. Man sagt, es soll das Delta eines großen Flusses gewesen sein. Ich glaube, der Fluss heißt Nil. Ein komischer Name für so einen großen

Strom, findet ihr nicht?« Die Pflanzen nickten eifrig und zustimmend mit ihren Blütenköpfchen. »Es muss dort wie im Schlaraffenland sein, die vielen Früchte fallen einem geradezu in den Mund.« Der Mümmler räusperte sich, schaute sehr geheimnistuerisch und fuhr dann fort:

»Als dieser Mann also in das Paradies eintreten wollte, fuhr ihm plötzlich der Wind durchs Gesicht, packte ihn schließlich am Kragen, schüttelte ihn ordentlich durch und ließ ihn vor Ehrfurcht erzittern. Doch bevor er wieder weiterzog, hinterließ er ihm eine Brise von einem süßlichen einzigartigen Duft. Es war der Duft der Kamillen. Er war betörend und vertraut zugleich.«

Der Mümmler sah an den Pflanzen vorbei, und plötzlich veränderte sich sein Blick, ganz so, als schaue er in eine andere Welt. »Manchmal kann es geschehen, dass der Wind die Zweifel zerstreut, die Erde Vertrauen schenkt und die Gestirne die Führung übernehmen, ganz so als würden hier Verabredungen getroffen in einem großen Weltenplan. Es schien, als hätten sich alle Kräfte dazu entschlossen, nach denselben Regeln zu spielen. Jedenfalls soll der Mann plötzlich an eine Oase gelangt sein, an der er seinen Durst löschen und sich abkühlen konnte. Als er aufschaute, lag vor ihm nichts Geringeres als das lang ersehnte Feld der Kamillen. Der Mann tat einen Freudensprung, und ihr könnt euch bestimmt denken, wer er war?« Der Mümmler hielt inne und schaute selbstgefällig in die Runde.

»Woher sollen wir das denn wissen?« warf eine Pflanze ganz aufgeregt ein. »Ich halte es vor Spannung fast nicht mehr aus, sag uns endlich, wer das war«, bettelte Calantha, die vor Neugierde fast platzte.

»Na gut, ich werde es euch sagen«, versprach der Mümmler langsam. Es gefiel ihm, die Spannung noch etwas zu erhöhen. Grinsend zögerte er einen kleinen Moment, dann hob er vielsagend seine rechte Pfote und begann wieder zu erzählen:

»Es war natürlich niemand anderes als Djadi.« Ein erleichtertes Aufatmen war zu hören. »Ach ja, natürlich«, kam es prompt von den Kamillen. »Darauf hätten wir ja auch selbst kommen können!« Sie fassten sich beschämt an die

Stirn. »Und wie ging es dann weiter?« drängelte Calantha, die jetzt auf einen romantischen Ausgang der Geschichte hoffte.

»Da nun der Kräutermann die Kamillen endlich gefunden hatte«, erzählte der Mümmler selbstzufrieden weiter, »rief er die Göttin Selket zu Hilfe. In der ägyptischen Mythologie war sie eine Heilerin und Magierin, die den Sonnengott Re vor Unheil und schlechten Träumen bewahrte. Deshalb war sie auch sofort bereit, in dieser Nacht den Pflanzen des Sonnengottes zu helfen und gemeinsam mit ihnen und dem Kräutermann einen Plan zu schmieden. In diesem sollte auch die Prinzessin noch eine entscheidende Rolle spielen.

Selket war mittelgroß, hatte sich bunte Tücher übergeworfen und einen prächtigen Turban auf dem Kopf. Ihre Bewegungen waren sehr anmutig und geschmeidig. Durch ihren natürlichen Ausdruck und ihr selbstbewusstes Auftreten verstand sie es, sich bei allen lebenden Wesen auf Anhieb Respekt zu verschaffen. Sie hatte sich vorgenommen, den Pharao wieder milder zu stimmen. Er sollte ein Einsehen haben und erkennen, dass die Kamille des Rufes würdig war, die Pflanze des Sonnengottes zu sein.

Selket wusste, dass der Wesir als Stellvertreter des Pharaos auf dessen Geheiß am Wochenende für die Pharaonentochter ein großes Fest ausrichten sollte. Dieses Fest würde im Garten des Herrschers unter dem blauen Himmel Ägyptens stattfinden. Das Mädchen hatte schon längst das heiratsfähige Alter erreicht. Deshalb hatte ihr Vater entschieden, dass endlich ein passender Mann für sie gefunden werden solle. Die Prinzessin allerdings dachte überhaupt nicht daran zu heiraten, da ihre Liebe noch immer jenem jungen Mann galt, der damals vom Hofe verbannt worden war.

Die Pharaonentochter, die teilweise in Selkets Plan eingeweiht wurde, stellte daher die Bedingung, dass sie nur den Mann ehelichen wolle, welcher ihr die

Blume ihres Herzens, nämlich die Kamille, zu überreichen vermochte. An ihre Seite bat sie niemand anderen als Selket selbst, die auch Schutzgöttin der Heilkundigen war. An ihrem Urteil und Wissen wagte niemand zu zweifeln. Der Pharao stimmte letztlich etwas missmutig zu. Er hoffte inständig, dass jemand diese in seinen Augen nun nutzlose Pflanze wiederfinden würde und er auf diese Weise seine Tochter endlich doch noch verheiraten könne.

Man kann sich nicht vorstellen, wie viele männliche Bewerber vor den Pforten des Palastes standen. Als der erste mit einem Bund vermeintlicher Kamillen vor die Pharaonentochter trat, seufzte diese erleichtert: ›Die Blüten der Margerite verbreiten besonders beim Verwelken einen unangenehmen Duft, mit dem sie nur Insekten, nicht aber edle Prinzessinnen anlocken können.‹ Der zweite versuchte es mit der Dalmatiner Insektenblume und bekam zu hören: ›Der betörende aromatische Duft dieser Pflanze kann zwar einige Insekten töten, vermag aber auf mich keinerlei Wirkung auszuüben!‹

Danach folgten noch viele Pflanzen, die die unkundigen Männer fälschlicherweise für die Kamille hielten. Darunter waren beispielsweise das Mutterkraut, der römische Bertram und selbst das kleinwüchsige Gänseblümchen. Man kann es kaum glauben, sie alle wurden zu den Hoffnungsträgern zahlloser Kandidaten! Doch dann kam ein Mann, der siegessicher und triumphierend schon von weitem einen Strauß in die Höhe hielt, welcher den Kamillen so ähnlich sah, dass sich der Pharao hoffnungsvoll von seinem Stuhl erhob. Die Prinzessin erschrak und erbleichte, doch Selket schien vergnügt und zwinkerte ihr aufmunternd zu. Als der Mann schließlich nähergekommen war, musste auch die Prinzessin lächeln, und sie entgegnete ihm spöttisch: ›Schon an dem widerwärtigen Gestank müsstest du doch erkennen können, dass es sich hier nicht um meine geliebte Kamille handeln kann.‹

Dieser Anwärter aber, der sich nicht so leicht geschlagen geben wollte, rief der Prinzessin zu: ›Das musst du mir erst beweisen!‹ Die Prinzessin sah sich hilfesuchend um. Die Pflanze, die dieser Mann so siegessicher bei sich trug, sah der Kamille ja wirklich zum Verwechseln ähnlich. Als dann auch noch der

Pharao wütend auf seine Tochter zugeeilt kam, da er glaubte, sie wolle sich vor der Abmachung drücken, schritt Selket ein. Sie schnitt eines der zahlreichen Blütenkörbchen auf und zeigte sie dem Herrscher. ›Diese Pflanze, die dir einmal bei deiner Krankheit nicht geholfen hat und die du vermeintlich für die Kamille hältst‹, sagte sie, ›ist aber nicht diejenige, nach der deine Tochter verlangt. Schau nur genau hin, dieser Blütenboden ist gefüllt, jener der Kamillen aber ist innen hohl. Außerdem verbreitet diese Pflanze einen unangenehmen Geruch, wovon du dich selbst überzeugen kannst, während die Pflanze, nach der wir suchen, ein fruchtiges, apfelähnliches Aroma besitzt.‹

Verwirrt nahm der Pharao wieder seinen Platz ein, um den nicht enden wollenden Strom der Bewerber mit ihren unterschiedlichen Pflanzen weiter zu verfolgen.

Indessen war auch Djadi am Hofe angelangt. Mit dem Strauß, den er aus der Wüste mit nach Hause gebracht hatte, arbeitete er sich bis zu der Prinzessin vor. Diese, des Abweisens schon müde, hielt jedoch ihren Kopf gesenkt. Als ihr aber der geliebte Duft der Kamillen in die Nase stieg, hob sie vorsichtig und prüfend ihren Blick. Sie konnte es kaum fassen, als sie Djadi erkannte. Tränen des Glücks strömten in ihre Augen, und sie nahm unter dem Jubel der Anwesenden den Strauß von dem Kräutermann als Zeichen ihres Jawortes entgegen.

Da es Aufgabe des Pharaos war, Maat, die Göttin der Gerechtigkeit bei guter Laune zu halten, gestand er seinen Irrtum öffentlich ein. Und deshalb durfte sich die Kamille von diesem Tage an in Ägypten wieder die Pflanze des Sonnengottes nennen. Es dauerte noch eine Weile, bis der Herrscher seinen Stolz überwinden und auf Djadi zugehen konnte, der einmal sein liebster Kräutermann gewesen war.

Als endlich Hochzeit gefeiert wurde, erhielt einzig die Kamille die Erlaubnis, Braut und Bräutigam zu schmücken. Hundskamille, Margerite, Gänseblümchen und Konsorten beobachteten das große Ereignis und blickten als Zaungäste neidvoll auf die Festgesellschaft und auf die Kamille. Was hätten sie alle dafür gegeben, den Platz an ihrer Stelle einnehmen zu dürfen!«

Hannibals Geschichte war zu Ende, und er schaute gespannt über das Kamillenfeld, um die Regungen der Pflanzen und besonders die von Calantha zu studieren. Alle sprachen wild durcheinander. Sie waren so aufgewühlt von der Erzählung, dass sie noch lange nicht zur Ruhe kommen konnten.

Bevor Calantha einschlief, beschloss sie, sich keinesfalls vom äußeren Anschein täuschen zu lassen, damit ihr niemals ein solch folgenschwerer Fehler unterlaufen würde wie dem ägyptischen Pharao. Das Herz spricht immer eine klare Sprache. Es täuscht sich nie. Weshalb nur war auch sie oft taub und unachtsam, wenn es zu sprechen begann? Vielleicht aus Angst, es würde sie entführen in Bereiche, die ihr Verstand nicht mehr kontrollieren könnte? Wäre das gefährlich? »Nein«, entschied die mutige Kamille, schüttelte ihr Blütenköpfchen und glitt allmählich wieder hinüber in das Reich der Träume, in dem sie Selket, dem Kräutermann und der Pharaonentochter ein letztes Mal begegnete.

Kamille – *Matricaria chamomilla*

Namensherkunft und Familie: Die Kamille gehört zur Familie der Korbblütler, *Asteraceae*. Ihr Herkunftsland ist Süd- und Osteuropa. Sie fühlt sich aber auch schon lange in Mitteleuropa zu Hause. Auf Grund ihrer außerordentlichen Heilkräfte wird die Kamille in vielen Ländern, besonders aber in Frankreich, großflächig angebaut. Die echte Kamille wird leicht mit der Hundskamille, dem Mutterkraut und dem römischen Bertram verwechselt. *Chamomilla* kommt von dem griechischen Wort »chamaimelon«, das sich in »chamai = niedrig« und in »melon = Apfel« gliedert, letzteres weist auf den apfelähnlichen Geruch der Blütenköpfchen der Pflanze hin; der lateinische Name beschreibt also die Kamille als niedrige, nach Apfel riechende Pflanze. »Matricaria« kommt aus dem Lateinischen »mater = Mutter«, was darauf hinweisen könnte, dass die Pflanze auch in der Frauenheilkunde große Verwendung findet.

Ort, Pflanzenkunde und Ernte: Die Kamille ist bezüglich des Bodens und der Nährstoffe recht anspruchslos. Sie wächst gerne an sonnigen Plätzen auf brachliegenden Feldern oder auf dem Acker. Die Pflanze wird bis zu 50 cm hoch. Die **Blätter** sind gefiedert und grün-gelb. Die **Blüten** bestehen aus etwa 500 goldgelben Röhrenblüten, die von weißen Zungenblüten umgeben sind. Die Blüten sitzen einzeln an den Enden der Stengel. Der Blütenkopf der echten Kamille hat einen

hohlen Blütenboden. Die Kamille blüht je nach Gegend ab Mai oder Juni. Dann wölbt sich der Blütenboden stark nach oben und die Zungenblüten neigen sich leicht nach unten. Der **Stengel** ist rund, aufrecht und reich verzweigt. Gesammelt und geerntet werden hauptsächlich die Blütenköpfchen, die am besten drei bis fünf Tage nach dem Aufblühen geerntet werden sollten, da dann der Wirkstoffgehalt am höchsten ist.
Das Trocknen der Blüten sollte an einem luftigen und zugleich schattigen Ort erfolgen.

Inhaltsstoffe, Heilwirkung und Anwendungen: Die Kamille enthält bis zu 0,8% ätherisches Öl (Chamazulen und Bisabolol), Schleimstoffe, Flavonoide und Cumarine. Doch erst das Zusammenwirken der Inhaltstoffe verleiht der Pflanze ihre große und einzigartige Heilkraft. Die Kamille wirkt entzündungshemmend, krampflösend, schmerzlindernd, antibakteriell, wundheilungsfördernd, granulationsfördernd und beruhigend.

Äußerlich wird die Kamille bei schlechtheilenden oder eitrigen Wunden, Erkrankungen der Haut wie Abszesse, Furunkel, Hämorrhoiden, Pilzerkrankungen oder bei Akne angewandt. Hierfür wird sie hauptsächlich als Tee oder verdünnte Tinktur (siehe Glossar) eingesetzt. Bei chronischem Schnupfen, Schleimhautentzündungen der Nase und des Rachenraumes oder bei entzündeten Nebenhöhlen wirken Dampfbäder antientzündlich und stimulieren das Immunsystem. In der Kinderheilkunde kann ein Kamillenbalsam bei Windeldermatitis, Bauchschmerzen und zur Beruhigung aufgetragen werden.

Innerlich wird die Kamille bei Menstruationsbeschwerden, Magen-Darm-Krankheiten, Krämpfen, Übelkeit, Erbrechen und Durchfall vor allem als Infus mit 7 Min. Ziehzeit getrunken. Bei Magengeschwüren wird die Kamillen-Rollkur angewandt.

Nebenwirkungen, Wechselwirkungen, Kontraindikationen: Die Kamille ist in jeder Form nicht für den Dauergebrauch geeignet, da sonst Schwindel, Bindehautentzündungen und nervöse Unruhe entstehen können. Nicht bei Korbblütlerallergie anwenden. Kamillentee ist für Augenspülungen kontraindiziert, da die kleinsten Blütenbestandteile die Augen stark reizen können.

Merkmale, Besonderheiten, Geschichten: Die Kamille wurde bei den Ärzten der Antike, im Mittelalter und in der Gegenwart als großes Heilkraut und Universalmittel angesehen. Auf Grund ihrer gelben Blütenscheibe in ihrer Mitte wurde sie als Blume des altägyptischen Sonnengottes Re verehrt. Die arzneilich verwendete Pflanze wird größtenteils aus Osteuropa importiert, die Kamille aus deutschem Anbau kann aber einen höheren Prozentsatz an ätherischen Ölen aufweisen und ist somit zu favorisieren. Dieses Öl, das Chamazulen, hat im Gegensatz zu den anderen ätherischen Ölen eine blaue Farbe. Es wird durch Wasserdampfdestillation gewonnen.

Wesen der Pflanze: Die Kamille hilft Menschen, die leicht zu reizen sind, überempfindlich reagieren und deshalb oft auch eine gesteigerte Schmerzempfindlichkeit haben, sich zu beruhigen. Sie wirkt entspannend und strahlt gleichzeitig eine mütterliche Geborgenheit aus, mit der sie krampfartige, überreizte seelische und körperliche Prozesse zu lindern vermag. Das einzigartige ätherische Öl unterstreicht mit seiner blauen Farbe die beruhigenden und entspannenden Kräfte der Blütenessenz.[10]

Da die Kamille bei so vielfältigen Beschwerden eingesetzt wird, kann man sie auch mehreren Chakren (siehe Glossar) zuordnen. Als erstes kommt das Solarplexuschakra in Frage, da es in Zusammenhang mit Magen, Darm und Verdauungssystem gesehen wird. Auf emotionaler Ebene steht das Solarplexuschakra auch für die Gefühle. Durch emotionale Überreaktionen kann dieses Chakra blockiert sein. Weil die Kamille beruhigend auf Übersensibilität wirkt, steht sie auch auf emotionaler Ebene mit dem Solarplexuschakra in Zusammenhang. Es kann zudem die zugeordnete Hormondrüse des Herzchakras behandelt werden, da sie, wie die Kamille, zuständig für die Anregung des Immunsystems ist. Nicht zuletzt kann man ebenso das Ajnachakra in die Behandlung mit einbeziehen, dem Nase und Nebenhöhlen zugeordnet werden. Vielleicht kann die Behandlung dieser Chakren zusammen mit dem Einsatz von Kamille auch hier sowohl in feinstofflicher als auch in stofflicher Form unterstützen.

Rezeptwelt

Kamillenbad für rissige Gärtnerhände

Zutaten: 2 TL Kamillenblüten, 1 EL geraspelte Kernseife

Anleitung: Die Kamillenblüten werden mit einer Tasse heißem Wasser (nicht kochend) überbrüht und 7 Min. bedeckt ausgezogen, danach abgießen. Die Kernseifenflocken in eine mittelgroße Schüssel geben und den Kamillentee zugeben. Die Seifenflocken lösen sich beim Umrühren auf. Das Kamillenblüten-Seifenbad etwas abkühlen lassen und die Finger rund 10 Min. darin baden. Danach die Hände unter fließendem Wasser abwaschen und trocknen. Das Kamillen-Seifenbad hilft auch bei beginnender Nagelbettvereiterung oder eingewachsenen Nägeln.[11]

Kräuterschlafkissen mit Kamille

Zutaten: Kamillenblüten, Rosenblüten, Hopfenzapfen, Lavendel, Johanniskrautblüten, Baumwollkissen, Dinkelspreu

Anleitung: Stiele und Blätter von den Pflanzen entfernen und die Blüten sehr gut an einem luftigen, schattigen Ort trocknen. Am besten eignet sich ein Wäscheständer mit einem darüber ausgebreiteten Leinentuch, dann die Blüten darauf auslegen, nach dem Trocknen die Blüten zerkleinern, um ein Pieken zu verhindern. Falls nicht genügend Blüten für ein Kissen vorhanden sind, kann man die

Mischung mit Dinkelspreu auffüllen. Für ein Kissen mit der Größe 30 x 30 cm benötigt man etwa 500 – 600 g getrocknete Blüten. Das Baumwollkissen mit der Blütenmischung befüllen, verschließen und nach Bedarf noch in einen zweiten, etwas festeren Bezug stecken. Durch Kneten und Schütteln des Kissens wird der Geruch immer wieder intensiviert.

Kamillenkompresse

Für eine Kamillenkompresse werden 1 EL Tinktur mit 10 EL Wasser verdünnt, ein Tuch eingetunkt, leicht ausgewrungen und so lange auf die erkrankte Stelle gelegt, bis das Tuch fast trocken ist.

Dampfbäder

Dafür werden eine Handvoll Kamillenblüten mit 1 l kochendem Wasser übergossen. Kopf und Schüssel werden mit einem Tuch bedeckt, der aufsteigenden Wasserdampf 10 Min. eingeatmet.

Rollkur

Hierfür werden 5 EL Kamillenblüten mit 1 l heißem Wasser überbrüht und nach 7 Min. abgeseiht. Pro Tasse werden 15 Tropfen Kamillentinktur hinzugegeben. Dann werden zwei Tassen morgens vor dem Aufstehen noch nüchtern im Bett getrunken. Um überall an die Magenschleimhaut zu kommen, muss man sich nun erst 5 Min. auf den Rücken drehen, dann 5 Min. auf die linke Seite rollen, 5 Min. auf den Bauch und am Schluss 5 Min. auf die rechte Seite legen, da sich hier der Magenausgang befindet; unbedingt nachruhen.[12]

Der Baldrian und der Wermut

Das Elixier des Lebens

»Das ›Elixier des Lebens‹, heute nur 12 Taler! Greift zu, Männer und Frauen, das ist die einmalige Gelegenheit, 12 Taler für den Wundertrank, der das Leben erhält, 12 Taler für das ›Elixier des Lebens‹!« Auf dem Markt herrschte reges Treiben.

»Was ruft die alte Frau denn da, was soll das denn sein, das ›Elixier des Lebens‹?« Der Baldrian war aus seinem Mittagsschlaf aufgeschreckt, als er die Alte auf dem Marktplatz so laut schreien hörte, und räkelte sich nun behäbig in der Sonne. Verärgert schüttelte er seine leicht stinkenden, weißen zarten Blüten. »Na, du bist es jedenfalls nicht«, der Wermut, der neben ihm stand, grinste frech, »du stinkst!« »Pffff…«, hörte man den Baldrian nur sagen, dann wandte er sich wieder, ungeachtet dessen, was sein Nachbar gerade geäußert hatte, der alten Frau zu. So leicht ließ er sich nicht aus der Ruhe bringen und schon gar nicht von den Sticheleien seines übermütigen Freundes. »Wir könnten ihr nachschleichen, wenn sie wieder Nachschub holen geht.« Der Wermut war immer für ein Abenteuer zu haben. »Vielleicht werden wir dann mehr darüber erfahren. Ein bisschen weiß ich aber schon über den Zaubertrank«, fügte er etwas zu laut noch hinzu. Die alte Frau wandte sich unvermittelt in seine Richtung. Mit arglistigem und falschem Blick schaute sie zu den beiden Pflanzen hinüber. Der Wermut duckte sich erschrocken: »Hat sie etwas gehört?« Ängstlich schaute er den Baldrian an. »Und wenn schon, ich habe keine Angst vor der buckligen Alten!« rief dieser laut zurück, aber dann bat er neugierig etwas leiser: »Jetzt erzähl schon, was du weißt!« Der Wermut

räusperte sich, und während er sprach, schaute er etwas bitter zu der alten Frau hinüber.

»Es heißt«, begann er geheimnisvoll, »es gebe ein Elixier, das den Menschen hilft, möglichst lange jung und gesund zu bleiben. Es sei ein Wunderwerk aus einigen Heilkräutern der Natur.« »Oh, das ist ja fabelhaft«, der Baldrian war entzückt. Im Geiste stellte er sich vor, dass er eine der Ingredienzen dieser Mischung sei, und so malte er sich schon die verrücktesten Geschichten aus. Zum Beispiel, dass die Kinder, wenn sie seine schönen Blüten pflückten, nicht mehr angewidert von seinem Geruch ihre Nasen rümpfen, sondern entzückt ihren Hals mit seinem Duft bestäuben würden, weil er ihnen plötzlich so kostbar und erhaltenswert schien. Noch ganz in seinen trägen Gedanken versunken, bemerkte er dann aber doch, dass der Wermut weitergesprochen hatte. »Die Menschen legen sehr viel Hoffnung in dieses Elixier und sind bereit, ihr halbes

Vermögen dafür herzugeben. Die Alte ist dadurch schon sehr reich geworden, da es ihr immer wieder von neuem gelingt, auf dem Markplatz Träume von einem gesunden, besseren Leben zu verkaufen.«

»Hm«, der Baldrian klang abwesend, und er hörte auch gar nicht mehr richtig zu. Stattdessen fesselte jetzt ein Gaukler seine Aufmerksamkeit, der gerade unweit der beiden seine Kunststücke darbot. Die vielen kleinen Glöckchen an seiner bunten Narrenkappe klingelten bei jeder Bewegung und hinterließen einen fröhlich anmutenden Klang. Der Akrobat jonglierte mit roten Bällen und rührte mit seiner Kunst das Pflanzenherz des Baldrians so sehr, dass dieser die alte Frau zunächst vergaß.

Aber als es schließlich zu dämmern begann und die Händler sich anschickten, ihre Stände zu schließen, zupfte der Wermut den Baldrian abermals am Blatt, blies ihm seinen herb-würzigen Atem ins Gesicht und forderte ihn erneut auf, mit ihm der Alten zu folgen. Obwohl der Baldrian den Abend eher gemütlich angehen wollte, ließ er sich schließlich überreden.

Aber zur großen Enttäuschung des abenteuerlustigen Wermuts und zur Erleichterung des eher bedächtigen Baldrians begab sich die Alte geradewegs zu ihrem Haus, das am Rande des Dorfes lag. Die beiden konnten nichts erkennen, kein Versteck oder Verlies, das einen Hinweis auf die geheimnisvollen Machenschaften der Buckligen hätte geben können.

Deshalb beschlossen sie, ihre grünen Freunde zu besuchen, um mit ihnen über ihre Nachforschungen zu sprechen. Dort angekommen, entbrannte eine hitzige Diskussion, und verwundert und peinlich berührt stellte der Baldrian fest, dass es vielen seiner Freunde ebenso ging wie anfangs auch ihm. Sie alle stellten sich vor oder waren gar davon überzeugt, selbst Bestandteil des Elixiers zu sein.

»Natürlich bin ich dabei«, sprach der Salbei eitel, »denn ich bin das Kräutlein für den Notfall!« »Dummes Geschwätz!« rief der Sonnenhut zornig. »Wer hilft den Menschen denn immer wieder auf die Beine, wenn sie sich erkältet haben? Ich natürlich und sonst keiner!« »Vermagst du ihnen denn auch

Schönheit zu verleihen?« mischte sich da der Frauenmantel sanft, aber bestimmt in die Unterhaltung ein. »Ich kann ihnen mit meinem Pflanzensaft sowohl Anmut als auch Liebreiz auf ihr Antlitz zaubern. Sie müssten sich nur täglich die Wangen mit meinem Pflanzensaft bestreichen!«

So ging es eine Weile hin und her. Doch Gott sei Dank sind Pflanzen kluge Geschöpfe, und so sahen sie schließlich ein, dass sie das Rätsel um die Ingredienzen für das »Elixier des Lebens« nicht lösen konnten. Daher hörten sie auf, darüber zu streiten, und begannen, sich wieder zu versöhnen.

Eines Tages aber hatte das ungleiche Paar schließlich Glück. Baldrian und Wermut hatte die Neugierde nicht verlassen, und als sie wieder einmal der Alten hinterherschlichen, schlug diese nicht den Weg nach Hause ein, sondern machte sich in Richtung Wald auf. Es wurde immer dunkler und unheimlicher. Dem Baldrian schlug das Herz bis zum Hals, denn solche Aufregungen suchte er eigentlich zu vermeiden. Das hier begann ihm entschieden zu anstrengend zu werden. Er verlor einige Blütenblätter, als er im Dickicht aus Efeu und Dornenhecken hängenblieb. »Brrr, was stinkt denn da plötzlich so?« hörte er mit pikierter Stimme den edlen Weißdorn rufen, der seine Dornen, so jedenfalls schien es dem Baldrian, extra lang ausgefahren hatte. »Ich stinke nicht, ich dufte«, stieß der Baldrian gepresst hervor und hinterließ dem verdutzten Dornengewächs eine extra feine Note.

»Lass uns umkehren«, hörte der Wermut seinen Freund ängstlich wispern, als sie auch noch auf einen Hügel hinaufgelaufen waren. Dies hier war nicht Baldrians Welt, er fühlte sich recht unwohl, da er es nicht gewohnt war, dermaßen aus der Ruhe zu kommen. »Womöglich ist die Alte eine Hexe und trifft ihresgleichen hier mitten im Wald. Sie werden einen Hexensabbat halten oder sonst irgendwelche verrückten Dinge tun. Mir gruselt jetzt schon, wenn ich nur daran denke.« Der Baldrian drehte sich verschnupft um und machte sich auf, den Hügel wieder hinabzulaufen. »Du glaubst doch nicht im Ernst, dass es Hexen gibt!« rief der Wermut ihm belustigt nach, als er plötzlich in einen leisen Flüsterton verfiel: »Schau doch, wir sind da! Was macht die alte

Frau denn jetzt? Oh mein Gott, das gibt es doch nicht!« Entsetzt schaute der Wermut in ihre Richtung. Nun siegte auch bei Baldrian die Neugier. Behäbig schlurfte er den Berg wieder hinauf, um zu schauen, was sein Freund da gerade Grauenvolles entdeckt haben mochte.

Von der Erhebung aus sahen die beiden, wie die Frau ihr Messer zückte, die Zweige einer Hecke auseinanderdrückte und schnell hindurchschlüpfte. Einen Wimpernschlag lang erhaschten sie einen Blick auf das, was sich dahinter befand. Fassungslos und erschrocken schauten sie einander an. Wie angewurzelt waren sie stehengeblieben, ihren Blick auf die Hecke gerichtet, hinter der die Alte verschwunden war. Endlose Minuten schienen zu vergehen, bis die Frau wieder auftauchte und, beladen mit einem großen Kräuterbüschel auf ihrem Buckel, den Rückweg antrat. Als die Luft rein war, stoben die beiden die Böschung hinunter und suchten die Lücke in der Hecke. Und tatsächlich fanden sie schnell die Stelle, an der die Zweige noch ein wenig auseinandergebogen waren. Sie huschten hindurch. Und als sie die dahinter befindlichen Pflanzen entdeckten, herrschte große Aufregung und Freude. Es hatte den Anschein, als hätten diese schon lange auf Baldrian und Wermut gewartet. Die beiden wurden von Engelwurz, Zimt, Zitwer, Kardamom und Myrrhe freudig begrüßt und umarmt. Augenblicklich geschah aus dieser Liebkosung heraus etwas Wundervolles. Wie von selbst fügten sich die Pflanzen zu einem großen Geflecht zusammen, hakten sich da ein und dort unter, hielten sich Seite an Seite und woben so ein festes Gebilde, das in allen Farben leuchtete und strahlte.

Als die Alte am kommenden Tag abermals zu der Pflanzung kam, um wieder einige dieser Kräuter für ihre Zwecke zu ernten, und die Pracht und Herrlichkeit sah, welche von den Kräutern ausging, fuhr ihr der Schreck in die Glieder. Da sie von Gier und Boshaftigkeit getrieben war, dachte sie, dass dies nur das Werk des Teufels gewesen sein konnte und, von jäher Panik gepackt, suchte sie das Weite und ward in dieser Gegend nie wieder gesehen.

Eines Tages kam ein Wanderer des Weges. Er war mit der Natur sehr verbunden und kannte fast alle Heil- und Wildkräuter beim Namen. Als er, vom

hellen Schein der Anpflanzung angezogen, dieses himmlische Gebilde erblickte, wurde sein Herz froh, und er wusste sofort, dass dies nur Gottes Werk sein konnte.

Nachdem er sich mit jedem Kraut einzeln unterhalten und um Erlaubnis gebeten hatte, pflückte er ehrfurchtsvoll einen großen bunten Strauß dieser Mischung und zog weiter seines Weges. Auf seiner Wanderschaft sollte er noch vielen Menschen begegnen, die ihm ein Dach über dem Kopf gewährten oder ihren Laib Brot mit ihm teilten. Als Dank für ihre Gastfreundschaft verabreichte er den Kranken unter ihnen sein Elixier, das er aus diesen Pflanzen zu brauen verstand.

Auf diese Weise kam das wahre Wunderelixier unter die Menschen, denn ohne ihr Wissen hatten Baldrian und Wermut diesem Trunk durch ihr Hinzukommen seine vollständige Wirksamkeit verliehen. Die Menschen deklarierten alsbald das »Elixier des Lebens« zur hohen Medizin, und so fand es seinen rechtmäßigen Platz in der reichhaltigen Hausapotheke der Natur.

Baldrian – *Valeriana officinalis*

Namensherkunft und Familie:
Der Baldrian gehört zur Familie der Baldriangewächse, *Valerianaceae*. Man nennt ihn auch Mondwurzel, Stinkwurz, Waldspeik, Katzenkraut oder Theriakwurzel. Der lateinische Name »Valeriana« bezieht sich vermutlich auf »valere«, was übersetzt so viel wie »wert sein« und »kräftig« bedeutet. Ob sich der deutsche Name »Baldrian« vom germanischen Lichtgott »Baldur« ableitet, ist umstritten.

Ort, Pflanzenkunde und Ernte:
Der Baldrian fühlt sich in ganz Europa heimisch. Er wächst gerne an Bachufern, auf feuchten Wiesen und am Waldrand. Früher wurde Baldrian oft in Bauerngärten angebaut, jedoch weniger wegen seiner Heilwirkungen oder schönen Blüten, sondern aufgrund seiner Fähigkeit, den Boden zu belüften und die Regenwürmer anzuziehen. Auf diese Weise fördert er das Wachstum anderer Pflanzen und verschiedenster Gemüsesorten im Garten. Die **Blätter** des Baldrians sind gegenständig gefiedert. Seine leicht stinkenden, doldenartigen **Blüten** sind weiß bis rosarot und blühen von Juni bis August. Der **Stengel** ist kantig, hohl und kann eine Höhe von 1,5 m erreichen. Die **Wurzel** ist braun und walzenförmig und bildet bei geeignetem Boden unterirdische

Ausläufer. Die Wurzel riecht ähnlich wie Schweißfüße. Der typische Geruch dieser Pflanze kommt von der in der Wurzel vorhandenen Valeriansäure und wird bei Trocknung intensiver. Wir Menschen empfinden ihn als unangenehm, Katzen hingegen werden von ihm angezogen. Die Wurzeln werden im Herbst geerntet, gewaschen, geschnitten und getrocknet oder zu Tinktur (siehe Glossar) verarbeitet.

Inhaltsstoffe, Heilwirkung und Anwendungen: Der Baldrian ist reich an ätherischen Ölen; er enthält einige Valepotriate, Valerensäure, Bitterstoffe, Gerbstoffe und wenig Alkaloide. Die Pflanze wirkt entspannend, konzentrationsfördernd und angsthemmend. Valepotriate wirken beruhigend bei Erregungszuständen und bei Erschöpfung aktivierend. Valerensäure ist ein möglicher Wirkstoff bei Angstzuständen. Deshalb wirkt die Pflanze zentrierend und beruhigend auf das Nervensystem, macht aber nicht müde. Daher kann es sehr hilfreich sein, wenn die Baldriantinktur etwa vor Prüfungen eingenommen wird.

Äußerlich kann ein Baldrianölbad bei Unruhe und Schlafstörungen angewandt werden. **Innerlich** kann man die Wurzel oder die milderen Blüten als Tee oder Tinktur verabreichen. Beim Tee wird hier ein Mazerat (Kaltauszug) bevorzugt (siehe Glossar). Der Baldrian hilft bei nervösen Unruhezuständen, Schlafstörungen, Magenbeschwerden, Prüfungsängsten, Erschöpfung, Reizblase, Bettnässen und in den Wechseljahren. Die Stoffwechselaktivität der Nervenzellen wird durch die besondere Zusammensetzung der Inhaltstoffe gehemmt. Besonders bei alten Menschen verbessert der Baldrian die Schlafqualität, indem er schlafanstoßend wirkt. Anders als nach der Einnahme chemischer Präparate wacht man erholt und ausgeglichen auf.

Nebenwirkungen, Wechselwirkungen, Kontraindikationen: Bei **äußerlicher** Anwendung sind keine Nebenwirkungen zu erwarten. **Innerlich** kann der Baldrian bei Unterdosierung eine paradoxe Reaktion auslösen und Unruhe und Schlaflosigkeit nach sich ziehen. Deshalb ist es wichtig zu wissen, dass Baldriangaben unter 200 mg anregend wirken und erst ab 900 mg die beruhigende Wirkung eintreten kann.[13]

Merkmale, Besonderheiten, Geschichten: Bei den Germanen galt der Baldrian, Pflanze des Sonnengottes Baldur, als Allheilmittel und kam sogar bei der

Pest zum Einsatz. Zur Abwehr und zum Schutz gegen böse Geister wurde die getrocknete Wurzel des Baldrians an die Türrahmen gehängt. Als Amulett um den Hals gehängt, sollte die Wurzel Hexen und Teufel fernhalten. Der Baldrian war und ist Bestandteil des Theriaks, ebenso wie die Angelikawurzel, der Wermut, Zimt, Zitwerwurzelstock, Cardamom und Myrrhe.

Wesen der Pflanze: Der Baldrian könnte mit dem Alta Major-Chakra (siehe Glossar) in Verbindung stehen, welches auf das Nervensystem wirkt und bei nervösen Unruhezuständen, Problemen, Emotionalität, Anspannung und Festhalten behandelt wird. Laut Bruno Vonarburg hilft die Pflanze nervösen Menschen, die leicht reizbar und innerlich unruhig sind, sich zu entspannen, sich zu zentrieren und die innere Mitte zu finden.[14] Roger Kalbermatten spricht dem Baldrian eine ableitende und erdende Wesenskraft zu. Deshalb empfiehlt er Baldrian den Menschen, die überschüssige Nervenenergie haben und überspannt sind.[15]

Rezeptwelt

Baldrianschlafwein

Zutaten: 1 l Rotwein, 100g zerkleinerte Baldrianwurzeln, 4 EL Honig.
Anleitung: Baldrianwurzeln in Rotwein auf etwa 50 Grad erwärmen, dann zugedeckt ziehen lassen, bis alles wieder erkaltet ist; Honig hinzufügen und kalt stellen. Der Schlafwein ist ungefähr 4 Wochen haltbar; 1 Likörgläschen vor dem Schlafengehen trinken.[16]

Wermut – *Artemisia absinthium*

Namensherkunft und Familie: Der Wermut gehört zur Familie der Korbblütler, *Asteraceae*. Man nennt ihn auch Absinth, Else, Gottvergesse, Bitterals, Magenkraut oder Wurmkraut. Der altenglische Name »wermod« heißt übersetzt »Wurmholz« und deutet darauf hin, dass man dem Wermut die Fähigkeit zuschreibt, Würmer auszutreiben. Der lateinische Name »Artemisia« deutet auf eine Verbindung mit der Göttin Artemis hin, die das Kraut einer Legende nach dem Zentauren Chiron verabreichte, der es wiederum als Dank nach ihr benannte.

Ort, Pflanzenkunde und Ernte: Der Wermut ist mit dem Beifuß (*Artemisia vulgaris*) verwandt und in Südeuropa heimisch. Er bevorzugt trockene, sandige oder steinige Böden. Mönche haben ihn im Mittelalter in Mitteleuropa eingeführt und in ihren Klostergärten angebaut. Der Wermut ist bei passendem Standort ein ausdauernder Halbstrauch und kann bis zu einem Meter hoch werden. Er wächst aufrecht, und der **Stengel** ist reich verzweigt. Sowohl Stengel als auch Blätter tragen ein silbergraues Haarkleid. Die **Blätter** sind dreifach gefiedert und werden von unten nach oben immer kleiner. An einem Blütenstengel wachsen viele kugelige, gelbe kleine **Blüten**. Die Pflanze verströmt einen sehr würzigen Geruch und blüht von Juni bis September. Man erntet bevorzugt die oberen Teile des Wermuts während der Blütezeit. Danach wird die Pflanze in Büscheln luftig und im Schatten schonend getrocknet.

Inhaltsstoffe, Heilwirkung und Anwendungen: Der Wermut ist reich an Bitterstoffen, an ätherischen Ölen (vor allem Thujon) und Gerbstoffen. Er gehört zu den *Amara aromatica*, den Bittermitteln mit ätherischen Ölen. Hauptsächlich wegen seiner Bitterstoffe ist er appetitanregend, entblähend, krampflösend und verdauungsfördernd.

Äußerlich wird der Wermut gerne beim Räuchern verwendet. Sein würziger Duft kann eine euphorische Stimmung erzeugen und das Gemüt erhellen. Er ist eine bewusstseinserweiternde Räucherpflanze, die auf den Geist wirkt. Sein Rauch unterstützt die Intuition und fördert Visionen und Hellsichtigkeit. In Mexiko werden seine getrockneten Blätter als Ersatz für Marihuana geraucht.

Innerlich kommt der Wermut bei Magen- und Verdauungsbeschwerden zum Einsatz. Wegen der Bitterstoffe können auch die körpereigenen Abwehrkräfte und die Verdauungssäfte angeregt werden. Eine alte Volksweisheit besagt: »Was bitter dem Mund, ist dem Magen gesund.« Wermut ist die Gallenpflanze schlechthin und kommt bei Gallenbeschwerden aller Art zum Einsatz. Er wird häufig als Infus (siehe Glossar) verwendet, manchmal auch als Tinktur oder als Gewürz in der Küche, beispielsweise bei einem fetten Gänsebraten, um eine gute Verdauung in Gang zu setzen.

Nebenwirkungen, Wechselwirkungen, Kontraindikationen: Äußerlich können bei zu langer Anwendung oder Räucherungen und zu intensivem Dampf Halluzinationen entstehen. **Innerlich** löst eine zu hohe Dosis alkoholischer Wermutauszüge Erbrechen, Magenkrämpfe, Schwindel und Benommenheit aus.

Bei Magen- und Darmgeschwüren ist vom Wermut abzuraten, und in der Schwangerschaft kann der Wermut wegen des hohen Thujongehaltes Wehen auslösen und ist somit hier kontraindiziert.

Merkmale, Besonderheiten, Geschichten: Zum Herstellen des Absinth (»grüne Fee«) mit Anis, Fenchel und weiteren Kräutern wurde auch das thujonhaltige, ätherische Wermutsöl »Oleum Absinthii« verwendet. Bei zu hoher Dosis kann sich dies jedoch auf das zentrale Nervensystem toxisch auswirken. Bei den Künstlern des 19. Jahrhunderts spielte der Absinth eine wichtige Rolle. Man vermutet, dass sich der Maler van Gogh am 23. Dezember 1888 überarbeitet und von Absinth berauscht einen Teil des linken Ohres abgeschnitten hat. Absinth macht nicht nur betrunken, bei einer Überdosis kann es auch zu Rauschzuständen und Halluzinationen kommen. Anfängliche Euphorie kann bis zur Nervenzerrüttung und zu Degenerationen am zentralen Nervensystem führen. Deswegen und wegen des hohen Abusus wurde Absinth in Deutschland Anfang des 20. Jahrhunderts verboten, mittlerweile aber wieder legalisiert. Tee, Tinktur, Wermutwein oder Likör sind aber weiterhin nur bei angemessener Dosierung unbedenklich.[17] Da der Bitterstoff dieser Pflanze auch der Stoff ist, der im Körper seine Wirkung entfaltet, ist es nicht ratsam zu versuchen, diesen durch Süßen aufzuheben. Bitter und süß ergeben zusammen auch keinen guten Geschmack und außerdem beeinträchtigt das Süßen des Tees auch dessen Wirkung. Sinnvoller ist es daher, den Wermut mit der aromatischen Pfefferminze zu mischen.[18]

Wesen der Pflanze: Den Wermut könnte man auf physischer Ebene dem Solarplexuschakra (siehe Glossar) zuordnen, welches für Gallenblase, Magen, Milz, Bauchspeicheldrüse, Leber und für das ganze Verdauungssystem zuständig ist. Er könnte auch dem Alta Major-Chakra entsprechen, verantwortlich für das Nervensystem, da er bei Überdosierung Degenerationen des zentralen Nervensystems hervorrufen kann und bei richtiger Dosierung eine positive Wirkung auf die Psyche hat.

Laut Bruno Vonarburg hilft der Wermut Menschen, die durch bittere Erfahrungen im Alltag schwermütig und mutlos geworden sind, neue Kraft und Lebensfreude zu finden.[19] Da der Wermut so bitter ist, wurde er paradoxerweise als Symbol schmerzlicher Lebenserfahrungen zum bitteren Wermutstropfen gemacht, obgleich ja gerade er den Menschen unter anderem durch Anregung des Stoffwechsels wieder neuen Schwung und Lebenswillen verleihen kann.[20]

Wermutwein

Zutaten: 20 blühende Triebe des Wermuts, je 2 Stengel Pfefferminz und Melisse, 1 EL zerstoßene Fenchelsamen, 1 l Weißwein.

Anleitung: Alle Zutaten in Weißwein 3 Tage lang ausziehen lassen, danach abgießen; ein Likörglas bei Bedarf trinken.[21]

Einfaches Absinthrezept

Das ursprüngliche Rezept ist sehr aufwendig und wird unter anderem auch durch Destillation gewonnen. Hier ein einfaches Rezept für den Hausgebrauch:

Zutaten: 55 g Anis, 40 g Wermut, 55 g Fenchel, je 10 g Pfefferminze und Salbei, je 10 g Ysop, Melisse und Kamille, 5 g abgeriebene Zitronenschale, 1 l 96%iger Weingeist.

Anleitung: Alle Zutaten in den Weingeist geben und 3 - 4 Tage ziehen lassen, abgießen. Zum Trinken den Alkohol mit Wasser verdünnen.

Der Augentrost

Die Klangfarben des Herzens

Es war noch früh am Morgen im Oktober, und obgleich es recht frisch war und Nebel den Boden bedeckte, tauchte die aufgehende Sonne die Welt schon in ein besonders warmes Licht. Die Wiese auf der kleinen Ziegenalp flimmerte in den schillerndsten Farben der dort beheimateten Pflanzen.

Euphrasia Augentrost stand schlaftrunken auf der Alpenwiese und hing ihren Träumen nach. Ihr Stengel war aufrecht und die Wurzel leicht im Boden verankert. Obwohl relativ klein im Wuchs, verstand sie es, durch ihre sehr schöne, ausnehmend große Blüte zu entzücken. Sie strahlte Offenheit und Neugierde aus. Bei genauerer Betrachtung schien es beinahe so, als hätte man es mit einem kleinen Engel zu tun, der seine Arme einladend und willkommen heißend geöffnet hielt. Die feinen lila Zeichnungen und der gelbe Fleck in der Mitte der Blüte unterstrichen das Erscheinungsbild.

Euphrasia Augentrost lebte zwischen anderen Bergpflanzen wie Anemone, Primel und Enzian auf der Ziegenalp. Sie alle waren mit einem farbenreichen, ausdrucksvollen Blütenkleid ausgestattet. Einige glitzernde Tautropfen, die in der frühen Morgenstunde noch verblieben waren, verstärkten ihre leuchtende Gestalt.

Als an diesem Herbstmorgen auch der Wind erwachte und seinen rauen Atem über die Alp hauchte, kam Bewegung in die Pflanzen, und die Hochgebirgswiese glich der Unendlichkeit des Meeres, dessen anrollende Wellen am Ufer ihr jähes Ende fanden, um sogleich wieder am Horizont erneut zu entstehen. Es war ein feines melodiöses Surren zu hören, das langsam anschwoll

und plötzlich wieder verstummte, weil dem Wind die Puste ausging und er Luft holen musste. Durch das leichte sich gegenseitige Berühren der Pflanzen, ausgelöst durch die immer wiederkehrende Energie des Windes, wurden schlichte, hell klingende Töne erzeugt. Recht ausgelassen ließen die Pflanzen sich biegen, und sie stellten sich vor, dass die ganze Welt ihnen zugewandt sei.

Als der Wind sich langsam wieder beruhigte und friedlichere Atemzüge tat, stellten sich auch bei den Pflanzen leisere Klänge ein, melodische Flüstertöne, die sich nach und nach über die ganze Wiese verbreiteten.

»Ach herrje!« Euphrasia Augentrost erschrak. »Es wird Zeit, dass ich mich zurechtmache.« Sie wollte nicht schon wieder die Gespräche der anderen verpassen.

Da sie noch ganz in den Träumen der Nacht verfangen war und ihr Blütengesicht teilweise geschlossen hielt, hatte sie, wie so oft schon, noch halb schlafend den Morgentanz verpasst. Schnell zupfte sie sich ein bisschen zurecht, wischte sich die Schläfrigkeit aus dem Blütengesicht und tankte einige Strahlen vom frischen Sonnenlicht. Dann lauschte sie in die Runde.

Die Wiesenbewohner schwatzten längst über alles, was es auf der Alm an Veränderungen gab. Die sanften Bewegungen der Pflanzen unterlegten die Unterhaltungen mit einer zarten Melodie.

Wäre ein Wanderer so früh am Morgen über die Ziegenalp marschiert, um der Vielfältigkeit der rauschenden Naturbewegungen zu lauschen, hätte er sicherlich eine helle und fröhliche Komposition wahrnehmen können.

Die Pflanzen fühlten sich miteinander verbunden. Sie liebten den Himmel, die Engel und das Licht. Und wenn sie sich bei ihren täglichen Tänzen berührten, erklangen ihre Töne klar und fein. Jeden Abend schlossen sie bei Einbruch der Dämmerung sogleich ihre Blütengesichter und wickelten sie erst dann wieder auf, wenn das Morgengrauen den werdenden Tag ankündigte.

Euphrasia Augentrost, die begeistert mit feiner Eleganz dem Atem des Windes huldigte, tönte selbstvergessen vor sich hin. Doch mit der Zeit sorgte sie sich zunehmend vor jedem heftigeren Stoß. Was, wenn ihre Wurzeln diesem

Gezerre nicht mehr würden standhalten können? Vielleicht waren sie ja gar nicht so fest im Boden verankert? Eine plötzliche Böe könnte sie ausreißen, und dann würde sie fortgeweht werden an einen fremden, unbekannten Ort. Dies ängstigte sie so sehr, dass sie versuchte, ihre Wurzeln immer tiefer in die Erde zu bohren, und so machte sie sich auf den Weg in immer dunklere Gefilde.

Die Gesänge und der Widerhall der anderen hörten sich mit zunehmender Tiefe immer matter, schräger und verzerrter an.

Als Euphrasia eines Morgens erwachte, war es auf einmal auch über der Erde gänzlich dunkel um sie geworden. Sie sah nichts mehr als Schwärze, dunkler als die trostloseste Nacht und Finsternis, und der Gesang ihres Herzens verwandelte sich in ein monotones, einsilbiges Gebrumm. Ein heftiger Schreck durchfuhr sie. »Bestimmt bilde ich mir dies nur ein«, sagte sie etwas verzagt zu sich selbst und hoffte, dass dieser Alptraum bald zu Ende sein würde. Aber auch am Nachmittag sah sie noch immer nichts. Sie war erblindet, über

Nacht war ihr Augenlicht erloschen. Sie war entsetzt und verzweifelt, und ihre innere Musik verstummte nun ganz.

Da begann sie zu klagen, zu zetern und zu jammern und hoffte insgeheim, die gesamte Wiesenbevölkerung würde mit ihren heilenden Kräften dafür sorgen, dass ihre Sehfähigkeit recht bald wieder hergestellt werden könnte. Aber zu ihrer Verwunderung musste sie feststellen, dass auch die anderen Bergpflanzen ratlos waren und ihr nicht zu helfen vermochten. Einige konzentrierten sich bald wieder auf den Wind und erzeugten erneut ihre altbekannten Lieder. Andere wollten auch wissen, wie es weiter unten wohl aussehen mochte und versuchten, es Euphrasia Augentrost nachzutun. Sie streckten ebenfalls vorsichtig ihre Wurzeln etwas tiefer in die Erde.

Euphrasia beschloss unterdessen, den Boden etwas genauer zu erkunden und staunte nicht schlecht, als sie auf einmal auch in der Tiefe zahlreiche Gesänge und Klangfarben vernahm. Da gab es kleine Krabbeltierchen, die scharrten und schmatzten, oder Regenwürmer, die blubbernd an ihr vorüberzogen. Diese Töne waren anders als diejenigen, die sie bereits kannte, sie klangen nicht fröhlich und hell, sondern eher weich und dunkel, getragen von einer tiefen Sehnsucht und Traurigkeit. Aber sie tönten nicht minder schön! So lernte Euphrasia Augentrost von den Erdbewohnern zur Durtonart auch noch die Molltonart dazu.

Manchmal versuchte Euphrasia wieder mitzutanzen und sich gemeinsam mit den anderen Pflanzen nach den Rhythmen des Windes zu bewegen. Aber da sie nun blind war, konnte sie sich nur vorsichtig tastend und langsam drehen. Sie musste feststellen, dass sich ihre Geschwindigkeit verändert hatte und dass sie deshalb oft aus dem allgemeinen Rhythmus fiel. Ihre neue Art, im Wind zu tanzen, entsprach nicht mehr den herkömmlichen Bewegungen, die sie einstudiert hatte und so gut kannte. Die Sinfonie der Bergpflanzen vermochte aber nur harmonisch zu klingen, wenn man miteinander im Gleichmaß spielte. Doch das Leben der einzelnen folgt zuweilen eine Zeit lang seinem eigenen musikalischen Gesetz. Somit fühlte sich Euphrasia aufgefordert, einen anderen Tanz und eine neue Melodie für sich zu entdecken.

Als sie erneut von einer Böe angeschubst wurde, vertraute sie den Strömen und ließ nichts anderes mehr zu, als sich von ihnen tragen und bewegen zu lassen. Zugleich verspürte sie eine tiefe Verbundenheit mit den weichen Rhythmen der Natur.

Auf diese Weise verbrachte Euphrasia Augentrost einige Jahre. Der kalte Winter wurde immer wieder vom wärmenden Frühling abgelöst, und in der Hitze des Sommers waren alle Pflanzen froh um eine kühlende Brise des Windes, die im Herbst die Farbenpracht der Natur von den Zweigen pustete. Die Blätter, die raschelnd auf die Erde fielen, verkündeten Euphrasia Augentrost das erneute Sterben der Natur, die sich zurückzog und Kraft sammelte, um im Frühjahr wieder zu erstehen.

An einem dieser ersten warmen Frühlingstage raschelte es auf einmal neben ihr. Weil Euphrasia gerade erst aufgewacht und noch etwas benommen war, wollte es ihr nicht gelingen, dieses neue Geräusch in ihrem Umfeld einzuordnen. »Wer ist da?« Ängstlich und unsicher tastete sie in den für sie noch immer dunklen Raum. »Ich bin's, Alchemilla Frauenmantel, und wer bist du?« rief eine Stimme sogleich zurück. Sie tönte weich und anmutig an ihr Ohr.

»Ich heiße Euphrasia Augentrost.« Schüchtern und etwas zögerlich wollte sie noch hinzufügen, dass sie nichts sehen könne, aber da plauderte die fremde Stimme bereits wieder los. »Ich habe dich gerade tanzen sehen«, meinte sie. »Deine Bewegungen sind anmutig und weich, du hast bestimmt eine wundervolle innere Melodie!« Euphrasia war verblüfft. »Schau, ich tanze so!« Alchemilla berührte die Blinde wie beiläufig mit ihren Blättern, so dass diese den Rhythmus der Pflanze neben sich spüren konnte. Euphrasia befühlte die großen, weichen und leicht gefalteten Blätter ihrer neuen Nachbarin. Erschrokken wich sie zurück, als sie in der Mitte etwas Kühles und Nasses berührte. »Igittigitt, was ist denn das?« Sie war entsetzt. Alchemilla lachte und schüttelte sich vor Vergnügen, so dass das Wasser aus der Blattmitte direkt auf die blinde Blüte Euphrasias spritzte. »Das ist reiner Pflanzensaft«, gluckste sie.

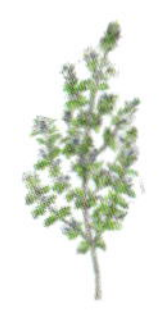

Die beiden Pflanzen lernten sich immer besser kennen, manchmal tanzten sie zusammen im Wind und modulierten in den verschiedensten Tonarten, und bald wanderten sie mit heiterer Lebendigkeit bisweilen gemeinsam durch die musikalische Welt.

Eines Morgens erwachte Euphrasia Augentrost, und Alchemilla Frauenmantel strich sanft über ihr helles Blütengesicht. »Es ist an der Zeit, deine Augen zu öffnen und dich vor der Welt nicht länger zu verschließen«, flüsterte sie ihr aufmunternd zu.

Zögernd hob Euphrasia Augentrost zuerst eines ihrer Lider. Als sie sogleich Umrisse wahrzunehmen begann, öffnete sie vorsichtig auch noch das zweite. Überrascht blinzelte sie nun in das einfallende, grelle Sonnenlicht, und da verstand sie augenblicklich, dass sie niemals wirklich blind gewesen war. Sie hatte bloß all die Jahre ihre Augen geschlossen gehalten.

Zum ersten Mal konnte sie ihre Nachbarin sehen. Ihre Blüten ähnelten zahlreichen zusammengesetzten Sternen, nur die grün-gelbliche Farbe unterschied sich von den himmlischen Gebilden, dem göttlichen Sternenstaub. »Eine schlichte Schönheit«, befand Euphrasia und bemerkte den Tropfen in der Blattmitte, der sie einst so sehr erschreckt hatte. Er blitzte und funkelte wie ein Kristall.

Euphrasia Augentrost war durch die unterschiedlichsten Grautöne des Lebens gegangen, und so wollte sie künftig all denjenigen zur Seite stehen, die ebenfalls in dunklere Gefilde eingetaucht waren auf der Suche nach einer veränderten Blickweise und Sehfähigkeit. Sie erkannte, dass alle Töne sowohl in Dur als auch in Moll gespielt werden konnten und dass der hellste Klang auch in der dunkelsten Tonart enthalten war. Mitunter stand sie auch wieder auf der Ziegenalp, zusammen mit all den anderen Pflanzen, und wiegte sich im Frühlingswind. Und so musizierte und improvisierte Euphrasia Augentrost weiter in den unterschiedlichsten Klangfarben ihres Herzens.

Augentrost – *Euphrasia officinalis*

Namensherkunft und Familie: Der Augentrost gehört zur Familie der Braunwurzgewächse, *Scropholariaceae*, man nennt ihn auch Augendank, Wiesenwolf, Herbstblümle, Lichtkraut oder Wegleuchte. Der deutsche Name Augentrost spricht für sich selbst, denn er wurde dieser Pflanze aufgrund seiner Indikation verliehen. Euphrasia kommt aus dem Griechischen »euphrainesthai« und heißt übersetzt »erfreuen, froh machen«.

Ort, Pflanzenkunde und Ernte: Der Augentrost bevorzugt Wiesen und lichte Wälder, trockene Standorte und Bergregionen. Die Pflanze ist einjährig und ein Halbschmarotzer, das heißt, sie holt sich mit ihren Saugwurzeln Nährstoffe unter anderem aus den Wurzeln benachbarter Gräser. Die relativ kleine Pflanze erreicht nur eine Größe von 20 cm. Ihr **Stengel** ist im oberen Bereich stark verästelt und behaart. Die **Blätter** sind sitzend und gegenständig angeordnet, eiförmig und gezahnt. Die auffälligen **Blüten** sitzen am Ende der Ästchen in den Achseln der Blätter. Sie haben eine dreilappige Unterlippe mit einem auffälligen gelben Fleck, der mit feinen lilafarbenen Strichen durchzogen ist. Die ganze Blüte hat Ähnlichkeit mit der Gestalt eines kleinen Engels. Vom Spätsommer bis in den Herbst wird das obere Drittel des blühenden Krautes geerntet.

Inhaltsstoffe, Heilwirkung und Anwendungen: Der Augentrost enthält Glykoside (zum Beispiel Aucubin), Flavonoide, Gerb- und Bitterstoffe und ätherische Öle. Er wirkt zusammenziehend und entzündungshemmend. Der Augentrost hilft, wie der Name schon sagt, bei Augenproblemen, etwa bei Sehschwäche, Lidrandentzündung, Gerstenkorn, Bindehautentzündungen, überanstrengten Augen und funktionellen Sehstörungen. Aucubin ist ein pflanzliches Antibiotikum. **Äußerlich** kann eine Kompresse aus einem Infus (siehe Glossar) aufgelegt werden. Die Euphrasia-Augentropfen von Wala wirken beruhigend und lindernd bei gereizten Augen und Bindehautentzündungen. **Innerlich** eignet sich Augentrost als Tee bei wässrigem Schnupfen, Völlegefühl und Verdauungsbeschwerden.

Nebenwirkungen, Wechselwirkungen, Kontraindikationen: Bei Anwendung der Augentropfen kann gelegentlich auch eine allergische Reaktion in Form von juckenden Augen auftreten.

Merkmale, Besonderheiten, Geschichten: Es gibt in Nordeuropa etwa 20 verschiedene Arten von Augentrost. Sie können sich untereinander kreuzen. Da sie aber allesamt eine entsprechende Heilwirkung haben, werden sie unter »Euphrasia officinalis« zusammengefasst. Im Mittelalter räucherte man mit Augentrost, um Weit- und Hellsichtigkeit zu erwerben. Man nahm an, dass der Augentrost das Dritte Auge öffnet, um umsichtiger und liebevoller zu wirken und zu leben.[22]

Wesen der Pflanze: Der Augentrost könnte mit dem Ajnachakra (siehe Glossar) in Verbindung stehen, welches gleichfalls wie die Pflanze den Augen und der Nase zugeordnet wird und für eine Verbesserung der Sehfähigkeit sorgt. Ein weiteres Indiz hierfür ist, dass der Augentrost im Mittelalter dazu verwendet wurde, das Dritte Auge zu öffnen und auch, dass das Ajnachakra als ein Teil des Dritten Auges gilt. Es heißt im Volksmund, die Augen seien Spiegel oder Fenster der Seele. Wenn der Mensch sich von sich selbst, von seiner Bestimmung entfernt, werden manchmal auch die Augen in Mitleidenschaft gezogen. Der Augentrost, der für die Augen zuständig ist, vermag laut Kalbermatten auch die Augen für das hinter dem Weltlichen liegende geistige Prinzip zu öffnen und verleiht dem Menschen hiermit sowohl innere als auch äußere Sehkraft.[23]

Kompresse

Zutaten: 10g Fenchel, 20g Augentrost, Wasser, Kompresse.

Anleitung: Fenchelsamen mit getrocknetem Augentrostkraut mischen und mit siedend heißem Wasser (Infus, siehe Glossar) übergießen, 7 - 10 Min. ziehen lassen, abseihen. Diese Mischung mit Fenchel hat sich bewährt, da der Fenchel seinerseits durch die ihm eigenen ätherischen Öle antiseptisch wirkt. Nach dem Abkühlen ein Wattepad mit dem Sud benetzen und als Kompresse auf die geschlossenen Augen legen.

Räucherung

Das getrocknete Augentrostkraut über einem Stövchen verräuchern.

Der Frauenmantel, welcher in diesem Märchen die Nebenrolle einnimmt, sei nachfolgend auch erwähnt:

Der Frauenmantel – *Alchemilla vulgaris*

hat kelchartige, gezahnte Blätter, an deren Rändern sich am frühen Morgen kristallähnliche Tröpfchen sammeln, die in die Blattmitte hinunterfließen und sich zu einem großen Tropfen verbinden. Man nennt ihn Guttationstropfen. Er besteht aus reinem Pflanzensaft. Benetzt man die Wange regelmäßig mit diesem Tropfen, wird sie glatt und geschmeidig. Der Frauenmantel hat sich hauptsächlich in der Frauenheilkunde bewährt, kann aber auch bei Schnupfen, Magen-Darm-Erkrankungen und Erkältungskrankheiten eingesetzt werden. Besonders auffällig ist sein sozialer Charakter, denn er wird gerne in Teemischungen gegeben, da er dann die Stärken der anderen Pflanzen unterstützt.

Die Wildrose

Die Verwandlung

»Halt… warte… gehe nicht, bleib bei mir, lieber Freund, nur noch eine kleine Weile. Es war so schön an deiner Seite!« Unglücklich und zitternd vor Aufregung schüttelte ich meinen rosa-weißen Blütenkopf.

»Das ist das Los des Lebens, es ist vergänglich, und auch meine Zeit ist jetzt gekommen. Lebe wohl, liebe Wildrose!« Der Lavendel nickte mir ein letztes Mal beschwichtigend und tröstend zu, als eine Hand am späten Vormittag nach ihm griff, um ihn zu pflücken. Was von ihm übrig blieb, war ein kleines violettes Blütenblättchen, das zu Boden fiel und reglos dalag, bis der Wind es aufhob und auf seinen starken Armen mit sich trug.

Entsetzt starrte ich nun auf den kargen Stengel, der noch stehengeblieben war. Mein ganzer Blütenkörper begann zu beben. Der Schmerz um den Verlust meines Freundes durchströmte mich in immer wiederkehrenden Wellen, und die Flamme der Sehnsucht verbrannte beinahe mein Herz. Durch die aufkommende Hitze entwich mir ein verzweifeltes Schluchzen. Ein dicker Tautropfen auf meinem Blatt, der noch von der frühen Morgenstunde übriggeblieben war, kullerte zu Boden. Gleich darauf begann ich laut zu jammern und zu klagen, denn ich fühlte mich einsam und tief verwundet, weil man mir den besten Freund von der Seite gerissen hatte.

Jeden Morgen hatten wir uns ein leises freudiges »Hallo« zugerufen, im Laufe des Tages uns alles erzählt, was ein Pflanzenherz für wichtig befand. Und nun war er fort, er, der Lavendel, mit dem ich mich so tief und wunderbar verbunden fühlte. Es fehlte plötzlich alles: die Vertrautheit, die sich so absolut anfühlte; der Freund, der auf jede Frage eine Antwort hatte; und schließlich

die Sicherheit, dass ich nicht alleine war und die Geheimnisse des Herzens bei meinem Freund gut aufgehoben waren.

Dies alles war so vertraut gewesen, dass es sich jetzt anfühlte, als ob auch ein Teil von mir gegangen sei. »Ich werde nie wieder seinen Duft atmen können«, dachte ich traurig, »mich an seinem schönen Violett erfreuen und seiner Melodie lauschen, die der Lavendel immer beglückt im Frühlingswind gesummt hatte.« Die Welt war für mich plötzlich leer, farblos und tonlos geworden, und ich begann hemmungslos zu weinen.

»Dass dein Freund schon gehen musste, tut mir wirklich sehr leid«, erklang plötzlich eine fremde Stimme hinter mir. Verblüfft drehte ich mich um. Zuerst konnte ich niemanden sehen. Erst als ich meinen Blick nach oben wandte, bemerkte ich einen Holunderbaum, der mich geradezu väterlich anschaute. Da er so elegant gekleidet war, von unzähligen weißen Blüten umhüllt, machte er zunächst einen sehr jugendlichen Eindruck auf mich. Nur seine nicht mehr ganz so jungen Äste verrieten, dass er bereits fortgeschrittenen Alters sein musste. Ich war plötzlich peinlich berührt. Weshalb nur war mir der alte Holler nicht schon früher aufgefallen? Hatte ich immerzu so viel mit dem Lavendel geschwatzt? War ich dadurch so unaufmerksam gewesen? Ob er wohl alles mitbekommen hatte, was wir uns im Laufe der Zeit erzählten? Befangen schaute ich nochmals zu ihm hoch und blickte geradewegs in ein pfiffiges, verschmitztes Gesicht. Ein leichter Schauer lief mir den Rücken hinunter, denn meine Vermutung schien sich nun durch seinen Ausdruck zu bestätigen. Aber gleichzeitig glaubte ich, wegen seiner gütigen Ausstrahlung jemanden gefunden zu haben, der meinen Kummer verstand. Jammernd schluchzte ich von neuem los:

»Unsere Welt bestand aus Worten: großen und kleinen, freundlichen und argen, scherzhaften und traurigen, trennenden und wieder vereinenden. Aneinandergereiht sprachen sie von der Geschichte unseres Lebens. Was soll nun daraus werden? Sie ist noch lange nicht zu Ende erzählt.«

Der Holunder neigte sich ein wenig zu mir hinab, um mich eingehend zu betrachten.

Das war mir sehr unangenehm, und verunsichert begann ich, einzelne Staubblätter, die sich vom vielen Weinen in meiner Blüte verfangen hatten, aus dem Krönchen zu wischen. Resigniert ließ ich dann mein Blütengesicht hängen und starrte trostlos auf die braune Erde, fest davon überzeugt, von nun an vom Glück der Welt verlassen zu sein.

Nachdem so einige Minuten verstrichen waren, räusperte sich der große Baum und seine erstaunlich tiefe Stimme ließ mich erneut aufhorchen.

»Alles unterliegt der Veränderung, es ist ein ewiges Werden und Vergehen«, rauschte es von oben herab. »Auch dein Freund, der Lavendel, unterlag diesem Wandel. Es bedarf der Vergänglichkeit, des Abschieds und des Todes, sonst

würde alles so bleiben, wie es ist.« Ein leises Rauschen fuhr durch sein Geäst. »Was wäre denn so schlecht daran?« Trotzig schaute ich nach oben. »Wir hätten nicht die Möglichkeit, uns zu verändern und zu wachsen«, entgegnete der Holunder geduldig. »Wir würden versuchen, uns gegen den Rhythmus aufzulehnen, der alles durchdringt. Schau in die Welt. Die Jahreszeiten kommen und gehen, und selbst nach dem Winter folgt der Frühling jedes Jahr wieder aufs neue. Unsere Angst entsteht aus einem mangelnden Vertrauen in die Gesetze der Natur, aber auch wir, du liebe Wildrose und ich, können uns diesen nicht entziehen.« Dann verstummte er plötzlich.

»Wie klug er doch daher redet.« Ich war beeindruckt und gekränkt zugleich, da ich mich in meinem Schmerz nicht von ihm verstanden fühlte. »Er weiß vielleicht nicht, wie mir zumute ist«, dachte ich bei mir. »Du glaubst, ich verstehe dich nicht«, strömte es wieder vom Holler herüber. Ich errötete. Konnte dieser alte Baum meine Gedanken erraten? Befangen und beunruhigt begann ich, meinen ätherischen Duft zu verströmen und mein Umfeld damit zu vernebeln, damit der Alte nicht sehen konnte, wie verlegen ich war.

Er schien das jedoch gar nicht zu bemerken, denn schon rauschte es wieder aus seinen Zweigen: »Meinst du wirklich, ich wüsste nicht, worüber ich spreche?« Erschrocken zuckte ich zusammen. »Auch ich hatte einst als junger Strauch große Not, meine alten verdorrten Beeren von den Zweigen fallen zu lassen, obwohl ich schon die neuen Knospen heranreifen spürte. Sei klug, liebe Rose, stelle dich dem Leben und sei, wofür du geschaffen wurdest.«

Da zeigte ich ihm meine kratzbürstige Seite und ließ meine Dornen in der Sonne glänzen. Mir war noch immer nicht klar, was der neunmalkluge Hollerbaum von mir wollte. Trotzig starrte ich in die entgegengesetzte Richtung, fühlte mich noch mehr verlassen von der ganzen Welt und nahm mir vor, nie wieder fröhlich zu sein.

Ab und zu schielte ich aber doch wieder zu ihm hinüber und bemerkte, wie sein ehemals weißes Blütenkleid, das ihm ein so jugendliches Aussehen verliehen hatte, sich im Sommer nun zu einem zauberhaft dunklen Gewand

aus dichten Beeren verwandelt hatte. Wie kraftvoll und üppig er jetzt aussah! Er strotzte vor Gesundheit und Stärke.

Was war das? Spürte ich da etwa Bewunderung in mir aufsteigen? Verärgert über mich selbst wandte ich mich abermals von ihm ab, musste mir aber doch eingestehen, dass mein Interesse immer größer wurde und ich immer häufiger heimlich zu ihm hinüberspähte.

Doch da geschah das Entsetzliche, was mich zunächst noch mehr aus dem Gleichgewicht zu werfen drohte. Wieder kamen Menschen zu unserem Platz und entrissen dem Holunder seine prachtvollen, tiefschwarzen Beeren, die er gerade noch so stolz getragen hatte. Aber ich staunte noch mehr, als ich bemerkte, dass der alte Baum nicht wie ich entsetzt und erschüttert darüber war, sondern in seinem Antlitz ein Ausdruck von Güte und Liebe lag. Er ließ seine üppigen Beerenkinder einfach vertrauensvoll los.

Dieses Bild der Ergebenheit in die Fügungen des Lebens verfolgte mich mehrere Nächte in meinen Träumen. Eines Tages verstand ich schlagartig, was der alte Holler mir hatte mitteilen wollen. Ohne dass es weiterer Worte bedurfte, war ich fortan bereit für die Verwandlung. Als ich schon dachte, ich würde ewig leben, da die meisten Rosen bereits lange vor mir gegangen waren, wurde ich an einem schönen sonnigen Tag kurz vor zwölf Uhr am Mittag schließlich doch noch geholt. Ein paar Menschen kamen auf die Wiese und ernteten meine duftenden wilden Blütenköpfchen. Aus meinen verbliebenen Blüten bildeten sich mit der Zeit kleine rote Früchte aus, die sich bis weit in den Herbst hinein unter das bunte Treiben mischten und dem Farbenspiel aus gelben und orangenen Tönen die nötige Würze und Schärfe eines ordentlichen Rottones verliehen.

Sterben bedeutete in meinem Fall, mich in ein ätherisches Öl zu verwandeln, das kostbarste und teuerste Öl, das man auf dem Markt im nächsten Ort erstehen konnte. Mit meinem Duft verhalf ich vielen Menschen, die – wie einst ich – das Vertrauen in die Welt verloren hatten, wieder frei und sorgloser ins Leben zu gehen, in ein Leben, das all die Zweifel hinter sich ließ.

Einige Monate später, in der frühen Hitze des darauffolgenden Jahres, konnte man sehen, wie sich zwei Pflanzen vor Glück in den Armen lagen. Der Lavendel und die Rose wussten sich eine Menge zu erzählen, sie waren aus der Vergänglichkeit des Winters erwacht und in den Frühling geboren worden. Auch der alte Holunderbaum, der im Herbst seine letzten Beeren verloren hatte, strahlte wieder in seiner jungfräulich weißen Pracht.

Und da hörte ich plötzlich eine Melodie. Sie bestand aus Tönen, die das Leben schrieb, aus dem Klang des Glücks, der in der wiedererwachten Natur, im Rauschen der Blätter, im Summen der Insekten und in den leisen Bewegungen der Pflanzen und Blumen seinen Ausdruck fand.

Erst wenn die alten Früchte zu Boden purzeln, ist Platz für das Wunder, das jedes Jahr im Frühling geschieht, Platz für neues Leben, neue Knospen, Blüten und Früchte, für ein Leben in der neuen Zeit, im Jetzt! Loslassen heißt, die Vergänglichkeit zuzulassen, damit das Göttliche wirken kann. Das war die Botschaft eines alten Hollers an eine kleine Wildrose, an die Welt.

Wildrose – *Rosa canina*

Namensherkunft und Familie: Die Wildrose gehört zur Familie der Rosengewächse, *Rosaceae*. Durch Kultivierung und Züchtung gibt es heute an die 30.000 unterschiedliche Sorten. Man nennt die Wildrose auch Heckenrose, Wilde Heiderose, Hagrose, Hagebutte oder Zaunrose. Der deutsche Name »Wildrose« deutet darauf hin, dass diese Pflanze oft im freien Gelände, also wild, anzutreffen ist. Der lateinische Name »canina« heißt so viel wie »hundsgemein«, will also sagen, dass diese Pflanze weit verbreitet und überall zu finden ist. Als Wildrose oder Heckenrose bezeichnet man die Wildform der Gattung Rose.

Ort, Pflanzenkunde und Ernte: Die Wildrose liebt den Waldrand, sonnige Hänge, Hecken und trockenen Rasen. Der Heckenrosenstrauch kann bis zu drei Meter hoch wachsen. Die biegsamen **Zweige** haben viele kleine Stacheln, die irrtümlicherweise meist Dornen* genannt werden. Die **Blätter** sind unpaarig und haben bis zu neun Fiederblätter. Diese bilden ein üppiges, undurchdringliches Kleid, das vielen Tieren Schutz bietet. Die Wildrose beginnt im Juni zu blühen. Dann zieren zahlreiche, fein duftende, weiße bis rosafarbene **Blüten** den Strauch. Diese besitzen, wie bei den Rosengewächsen üblich, jeweils fünf Kronblätter, welche die Staubblätter umschließen. Im Spätsommer entstehen aus dem Blütenboden Scheinfrüchte, die als Hagebutten bezeichnet werden. In ihrem Innern befinden sich harte, mit feinen Härchen umhüllte Nüsschen, die in zerriebener Form vielen noch als unangenehmes Juckpulver aus Kindertagen in Erinnerung sind. Die Blüten werden gegen Mittag vor Sonnenhöchststand geerntet, kurz bevor die ätherischen Öle als Hitzeschutz für die Pflanze explosionsartig ausströmen und verdunsten. Die Hagebutten werden vom Spätsommer bis zum Herbst gesammelt.

Inhaltsstoffe, Heilwirkung und Anwendungen: Die Blüten besitzen ätherische Öle, Gerb-und Bitterstoffe und Flavonoide. Die Hagebutte ist reich an Vitamin C, sie ist sozusagen die Vitaminbombe direkt vom Strauch. Zudem hat sie zahlreiche andere Vitamine, Mineralstoffe, Fruchtsäuren und Vanillin in den Kernen.

Äußerlich können eine Brustentzündung, raue Haut, geschwollene Augen und Lippenherpes mit einer Rosenblütenkompresse gelindert werden.

Innerlich hilft ein Infus (siehe Glossar) bei leichtem Durchfall, Magenverstimmung und beginnenden Entzündungen in Mund und Rachen. Die Früchte (Hagebutten) stärken als Mazerat das körpereigene Immunsystem und regen den Stoffwechsel an. Neueste Studien haben ergeben, dass Hagebuttenpulver eine

***** Stacheln kann man sehr leicht entfernen, wie das eben bei Rosen der Fall ist, da sie außen am Stengel sitzen. Dornen sind hingegen derart mit der Pflanze verwachsen, dass sie beim Entfernen verletzt werden würde. Dies ist zum Beispiel bei der Distel und beim Kaktus der Fall. Paradoxerweise sagt man stacheliger Kaktus, in Wirklichkeit sind es hier aber Dornen. Im Text wird allerdings die volkstümliche Ausdrucksweise beibehalten, um keine Verwirrung zu stiften.

antioxidative Wirkung hat und in der Lage ist, die weißen Blutkörperchen bei entzündlichen Prozessen zu hemmen. Ihr Einsatzgebiet erweitert sich somit auf Rückenschmerzen und rheumatische Beschwerden. In einem besonders schonenden Herstellungsverfahren wird hierfür zum Beispiel das Präparat Litozin ausschließlich aus der Rosa canina hergestellt. Das besonders kostbare und teure ätherische Rosenöl wird durch aufwendige Destillation gewonnen.

Nebenwirkungen, Wechselwirkungen, Kontraindikationen: In ganz seltenen Fällen kann es bei längerer Anwendung über einen Zeitraum von mehreren Monaten allergische Hautreaktionen geben, die sich beim Absetzen des Präparates oder Tees wieder zurückbilden.

Merkmale, Besonderheiten, Geschichten: Die Rose ist die Königin der Pflanzenwelt und die Blume der Liebe. Bereits die Perser kultivierten Rosen, um sowohl Rosenöl als auch Rosenwasser daraus zu gewinnen. Auch bei den Römern war sie ein berühmtes Luxusgut. Bei Festen wurden ganze Rosenteppiche ausgelegt. In den mittelalterlichen Klostergärten setzte man die Rose dann in pulverisierter Form als entzündungshemmendes Wundpulver ein und benutzte Augenkompressen mit Rosentee.[24] Um die Wild- oder Heckenrose ranken sich zahlreiche Mythen und Geschichten. Sie ist eine der ältesten Heilpflanzen der Welt. Durch fossile Funde kann belegt werden, dass die Rose schon vor 25 Millionen Jahren existierte. In dem Rosarium in Sangerhausen im Harz kann man die weltweit größte Rosensammlung bestaunen. Hier gibt es unter anderem mehr als 500 verschiedene Arten von Wildrosen zu sehen. Einen besonders schönen Rosengarten bietet auch die Beutig-Anlage in Baden-Baden.

Wesen der Pflanze: Die Wildrose ist eine der wesentlichen von Dr. Edward Bach entwickelten 38 Bachblütenpflanzen (siehe Glossar). Sie wird bei Menschen eingesetzt, die jegliche Hoffnung verloren haben, sich ihrem Schicksal ausgeliefert fühlen und sich jenseits aller Aussicht auf eine Veränderung oder Lebensverbesserung befinden, die entweder chronisch krank sind oder vor dem Leben kapituliert haben. Manchmal wird dieser Zustand auch durch den Verlust eines Kindes oder eines geliebten Menschen hervorgerufen oder wenn ein Trauma aus der Kindheit aufgearbeitet werden möchte. Die Wildrose ist hier das beste Mittel, um diesen Zustand zu transformieren, um neue Lebensfreude, Energie und Hoffnung wiederzufinden. Somit kommt sie nicht nur bei depressiven Zuständen zum Einsatz, sondern ist auch eine hervorragende Pflanze bei Trauer und Verlust.[25] Diese Feststellungen decken sich auch mit den Beschreibungen von Bruno Vonarburg, der die Wildrose mit ihrer feinstofflichen Wirkung resignierten, depressiven und kraftlosen Menschen verordnet.[26]

Die Wildrose steht für die Liebe und versucht, Hoffnungslosigkeit, Trauer und Selbstaufgabe in neue Hoffnung und Zuversicht zu verwandeln. Auch das Herzchakra (siehe Glossar) steht auf astraler Ebene in Zusammenhang mit der bedingungslosen göttlichen Liebe und wird bei Trauer und Depressionen behandelt. Das ätherische Herzzentrum ist Speicher seelischer Energie. Wird es behandelt und gestärkt, kann dies auf körperlicher Ebene in Form von neuem Antrieb, Hoffnung, Mut und Liebe spürbar sein. Um das Herzchakra vollständig öffnen zu können, muss das Solarplexuschakra harmonisiert werden, um nicht immer wieder von emotionalen Sturmböen und Gefühlsregungen erschüttert zu werden. Dieses Zentrum weist eine starke Verbindung zu unseren Emotionen und unserem Unterbewusstsein auf. Kein Wunder also, dass diese beiden Chakren aufeinander bezogen sind. Bei allen Themen im Bereich des Herzchakras ist auch das Solarplexuschakra zu prüfen und umgekehrt. Deshalb werden diese Chakren in der Regel auch paarweise behandelt.

Erste Rosen erwachen,
und ihr Duften ist zag
wie ein leisleises Lachen;
flüchtig mit schwalbenflachen
Flügeln streift es den Tag;

und wohin du langst,
da ist alles noch Angst.

Jeder Schimmer ist scheu,
und kein Klang ist noch zahm,
und die Nacht ist zu neu,
und die Schönheit ist Scham.

Rainer Maria Rilke

Rezeptwelt

Rosencreme

für normale, trockene und empfindliche Haut

Zutaten: 40g Rosenwasser, 20g Mandelöl, 10g Sonnenblumenöl, 3g Bienenwachs, 3g Kakaobutter, 10g Lanolin, 3 Tr. ätherisches Rosenöl bulgarisch oder ätherisches Rosengeraniumöl.

Anleitung: Lanolin (Wollfett), Bienenwachs, Kakaobutter und die Öle in ein feuerfestes Becherglas geben und im Wasserbad unter ständigem Rühren auf maximal 70° erwärmen, bis alle festen Bestandteile vollständig geschmolzen sind.

In einem separaten Glas im Wasserbad das Rosenwasser ebenfalls auf 70° erwärmen.

Das Rosenwasser anschließend sehr langsam mit einem Mixer in die Fettphase geben. Solange weiterrühren, bis die Creme emulgiert (verdichtet) und auf circa 35° abgekühlt ist. Dann erst das ätherische Öl hineintropfen und nochmals unterrühren.[27]

Rosenzucker

Zutaten: 100g Rosenblüten, 100g Zucker, 1 Vanilleschote

Anleitung: Die Rosenblütenblätter abzupfen und an einem schattigen Ort trocknen. Für solche Zwecke eignet sich ein Wäscheständer, über den ein dünnes Laken gelegt wird. Darauf streut man die Rosenblütenblätter lose zum Trocknen aus. Am besten eignet sich ein warmer, trockener Ort, zum Beispiel ein nicht isolierter Dachboden. Nach zwei bis drei Tagen sind die zarten Rosenblütenblätter getrocknet. Dann werden sie in einem Mörser fein zerrieben, mit dem Zucker gemischt und in ein gut verschließbares Gefäß gegeben (Schraubglas). Eine aufgeschlitzte Vanilleschote dazugegeben, unterstützt noch das feine Rosenaroma.

Der Holunder und der Lavendel, welche in diesem Märchen die Nebenrolle einnehmen, werden hier kurz erwähnt:

Der Lavendel – *Lavendula officinalis*

ist eine mediterrane Pflanze, ein buschiger, rund 60 cm hoher Halbstrauch mit blauvioletten Blüten. Sein Duft erinnert sofort an die Provence und vertreibt, gebündelt in Lavendelsäckchen, in so manchem Kleiderschrank die wollefressenden Motten. Sein Duft wirkt beruhigend und reinigend und wird deshalb auch gerne zum Räuchern verwendet. Lavendelöl kann bei Spannungskopfschmerzen, Stress und Nervosität wahre Wunder bewirken, zum Beispiel als Kräuterkissen oder Badezusatz. Nur reines ätherisches Lavendelöl kann man direkt auf Verbrennungen ersten Grades auftragen. Lavendel wird in vielen Kosmetikprodukten verwendet.

Der Holunder – *Sambucus nigra*

kann bis zu sieben Meter hoch und sehr breit werden. Da man im Volksglauben davon überzeugt war, dass unter dem Holunder die guten Hausgeister sitzen und deshalb ein jeder einen Holunder in seinem Garten benötigt, kann man auch noch heute in der Nähe von alten Behausungen den Holunder finden. Die abergläubische Landbevölkerung fällte deshalb nur in äußersten Notfällen einen Holunderstrauch im Garten. Die Menschen hatten große Hochachtung vor dem Holunder und aus diesen Zeiten resultiert das Sprichwort: »Vor dem Holunder zieh den Hut herunter.« Seine weißen Blütendolden duften von Anfang Mai bis Ende Juni. Sie kommen oft als Teezubereitungen bei Fieber und Erkältungskrankheiten zum Einsatz. Die schwarzen Beeren im Herbst haben viel Vitamin C und sind folglich sehr gesund. Man kann daraus Marmelade, Säfte oder Mus bereiten. Achtung: Alle grünen Bestandteile des Holunders sind giftig! Vielleicht könnte auch das Märchen »Frau Holle« von den Gebrüder Grimm auf den Holunder zurückzuführen sein. Dann würden die weißen Blüten das Gold der Goldmarie und die blauschwarzen Beeren das Pech der Pechmarie versinnbildlichen. Bekannte Zubereitungen aus Bestandteilen des Holunders sind die Holunderküchle und der Holunderblütensirup oder -likör.

Glossar

Bachblüten

Der Engländer Dr. Edward Bach entwickelte die Bachblütentherapie. Er erforschte 38 Blüten und hatte die Vorstellung, dass die gebündelte Energie jeder einzelnen eine regulierende Wirkung auf die Psyche der Menschen habe. Da er davon ausging, dass Körper und Seele zusammenwirken, war er auch überzeugt, dass eine seelische Verbesserung oder Heilung auch auf körperlicher Ebene spürbar sein würde.

Vorgehensweise: Man erntet die Blüten zu einem optimalen Zeitpunkt, der höchsten Blütezeit, wenn sie ihr größtes Potential entfalten. Dann legt man sie in ein Gefäß mit Quellwasser und stellt dieses ein paar Stunden ins Sonnenlicht. Die Energie der Blüten soll so in die Essenz übergehen. Nach dem Abseihen wird das Wasser unter Hinzugabe von Alkohol haltbar gemacht. Die Bachblüten werden bei einer Anwendung meist verdünnt.

Chakren

Chakren sind feinstoffliche Energiewirbel, Energiezentren, die, wie die Seele, organisch nicht vorhanden sind. Die Chakren haben in unterschiedlichen spirituellen Bereichen, etwa im Yoga, beim Reiki und in Heilsystemen wie der Traditionellen Chinesischen Medizin (TCM) sowie Ayurveda, Alexandertechnik oder Feldenkrais oft schon seit Jahrtausenden ihren festen Stellenwert. Das Wissen um die Chakren hat seinen Ursprung in den Vedischen Schriften. Dieses Wissen wurde in unterschiedlichen Kulturen bewahrt und überliefert. In Europa ging es mit der Christianisierung weitgehend verloren. Erst Pioniere wie Johann Wolfgang von Goethe und Rudolf Steiner beschäftigten sich wieder mit den Energiezentren und forschten nach altem Wissen. Danach hat jeder Mensch sein eigenes Energiesystem. Chakren, der Begriff kommt aus dem Sanskrit und heißt wörtlich übersetzt »Rad« oder »Kreis«, sind Verbindungsstellen zwischen Körper und Astralleib. In der tantrischen Literatur Indiens und Tibets wurde lange Zeit ausführlich die Anatomie der Chakren und ihre Funktionen hinsichtlich ihrer Rolle in Bezug auf Gesundheit und Krankheit untersucht.

Es gibt **sieben Hauptchakren** und jedem Chakra werden verschiedene Organe auf der Körperebene zugeordnet:

- **Scheitelchakra** oder **Kopfchakra** (über dem Scheitel)

- **Ajnachakra** (auf der Stirn, zwischen den Augenbrauen)
- **Halschakra** (Übergang von Hals- und Brustwirbelsäule C7/TH 1, der Vertebra prominens, des 7. Halswirbels ist sehr markant und hebt sich etwas hervor)
- **Herzchakra** (Brustwirbel TH 4/5, in der Mitte der Brust)
- **Solarplexuschakra** (Lendenwirbelsäule TH 12/L1, im Bereich des Solarplexus)
- **Sakralchakra** (Übergang Lendenwirbelsäule, Kreuzbein L5/S1, unterhalb des Bauchnabels)
- **Basischakra** (im Bereich des Steißbeins)

Zudem gibt es einige **Nebenchakren**. Eines davon ist das **Alta Major-Chakra**. Es befindet sich am Hinterkopf, am oberen Ende der Wirbelsäule. Es ist unter anderem für das Rückenmark und das Nervensystem zuständig.

Droge

Die getrockneten Pflanzenteile werden in der Phytotherapie als Drogen bezeichnet.

Inhaltsstoffe

Ätherische Öle dienen als Lockstoff für Insekten und schützen die Pflanzen vor Hitze, Kälte und Verdunstung. Sie duften sehr stark und können auf Haut- und Schleimhaut reizend wirken. Sie sind desinfizierend und keimwidrig und werden deshalb je nach Öl bei Muskel- und Gelenkserkrankungen, bei Infektionen, Erkältungen und Magen-Darm-Beschwerden eingesetzt. Ätherische Öle sind flüchtig, fettlöslich und leicht entflammbar.

Alkaloide können stark heilsam aber auch tödlich giftig sein und werden in der Regel nur bei akuten Krankheiten eingesetzt. Sie eignen sich nicht bei chronischen Erkrankungen. Meist werden sie verdünnt oder in homöopathischer Form gegeben. Die Dosis muss stark reguliert werden.

Bitterstoffe dienen der Pflanze als Fraßschutz. Sie wirken appetitanregend, fördern die Verdauung, sind blähungswidrig, immunstabilisierend und stimmungsaufhellend.

Cumarine duften süßlich. Dieser Duft wird erst beim Verwelken freigesetzt. Sie dienen dem Wurzelwachstum der Pflanzen. Sie wirken entzündungshemmend, gerinnungshemmend, lympfabflussfördernd, gefäßentkrampfend und sedierend.

Flavonoide sind gelbliche Farbstoffe, die auch in Lebensmitteln, etwa in Brokkoli, Grünkohl und Zwiebeln enthalten sind. Sie schützen die Pflanzen vor UV-Licht. Beim Menschen wirken sie gefäßabdichtend, herzbelebend, schweißtreibend, entzündungshemmend, zellschützend, antioxidativ und entgiftend.

Gerbstoffe findet man vor allem in Wurzeln und Rinden. Sie schützen vor Fäulnis und verhindern das Eindringen von Schädlingen. Sie haben eine stopfende, stark zusammenziehende und blutstillende Wirkung. Außerdem haben sie eine keimhemmende, schleimhautschützende und antivirale Wirkung und dienen als Gegengift bei Schwermetallvergiftungen.

Glykoside haben Gemeinsamkeiten in bestimmten Zuckerverbindungen. Sie dienen den Pflanzen als nächtlicher Zuckerspeicher. Sie werden auch als Transportmoleküle verwendet. Manche Glykoside sind giftig und wirken auf das Herz. Auch Saponine, Flavone und Cumarine sind einige der Untergruppierungen der Glykoside.

Harze sind zähe Flüssigkeiten, die bei Verletzungen von Baumrinden entstehen. Sie verschließen und desinfizieren die Wunde durch ihre antibiotischen Substanzen. Harze werden auch zum Räuchern verwendet.

Saponine wirken seifenähnlich und sind schleimhautreizend. Sie wirken auswurffördernd, sekretlösend und stoffwechselanregend. Oft wirken sie auch antimykotisch, antiviral und tonisierend.

Schleimstoffe legen einen Schleimmantel um die Samen, die daher von den Tieren häufig unverdaut wieder ausgeschieden werden und sich so weiterverbreiten können. Sie quellen in Wasser auf und fühlen sich schleimig an. Schleimstoffe wirken schleimhautschützend, reizmildernd und entgiftend.

Teezubereitungen

Je nach Zubereitung wirken unterschiedliche Inhaltsstoffe:

Dekokt: Abkochung

Die Abkochung wird bei härteren Bestandteilen (Wurzeln und Rinden) und bei schwer löslichen Bestandteilen (Kieselsäure) bevorzugt: Droge mit Mörser oder Messer zerkleinern, 1/2 TL davon mit 1 Tasse kaltem Wasser ansetzen und je nach Pflanze 10 - 30 Min. kochen, kurz stehen lassen, abfiltern.

Achtung: Bei frischen Kräutern wird generell immer die doppelte Menge, also 1 TL oder 2 TL Kraut verwendet.

Infus: heißer Aufguss

Der heiße Aufguss wird mit weichen Bestandteilen wie Blüten, Blättern oder Kraut zubereitet, die gut wasserlösliche Wirkstoffe, zum Beispiel ätherische Öle, Bitterstoffe, Saponine oder Alkaloide aufweisen: 1 TL Pflanzenteile mit 1 Tasse heißem, in den meisten Fällen nicht mehr kochendem Wasser übergießen, 5 - 7 Min. bei geschlossenem Deckel ziehen lassen, abgießen und 3 x täglich 1 Tasse warm trinken.

Pflanzenteile mit hauptsächlich Flavonoiden müssen länger ziehen, etwa 10 - 20 Min.

Mazerat: Kaltwasserauszug

Der Kaltwasserauszug wird in der Regel bei Schleimstoffpflanzen angewandt, deren Wirkstoffe bei Hitze zerstört werden. Andere Pflanzen werden kalt ausgezogen, damit keine toxischen Stoffe gelöst werden, zum Beispiel das Harz in den Sennesblättern oder zu viele Gerbstoffe in Bärentraubenblättern:

1 TL Pflanzenteile, meist Blätter, Blüten oder Kraut, in 1 Tasse kaltes Wasser legen und 1 - 2 Stunden darin ausziehen, abgießen und den Pflanzensud über den Tag verteilt schluckweise trinken. Schleimstoffpflanzen sollten nicht für längere Zeit eingelegt werden, da sie pathogene Keime an sich ziehen und leicht schimmeln können. Ausnahmen sind die Baldrianwurzel und die Hagebutte: 2 TL Droge in 1 Tasse kaltes Wasser legen, 12 Stunden ziehen lassen, kurz aufkochen, abgießen und trinken. Bei Bedarf mit Honig süßen und ein bis zwei Wochen 3 x täglich trinken. Baldrian ausreichend dosieren: beruhigend; geringe Dosierung: anregend.

Tinkturen

Bei einer Tinktur werden die Inhaltsstoffe der Pflanzenteile in Alkohol ausgezogen und somit gleichzeitig haltbar gemacht.

Die Droge wird zerkleinert, um eine 95%ige Ausbeute an Inhaltsstoffen zu erzielen, diese sind etwa 1 Jahr haltbar.

50 -100g zerkleinerte Pflanzen mit 500 ml 40 - 45 %igem Alkohol übergießen; täglich gut schütteln und rund 3 Wochen verschlossen an einen warmen, hellen Ort stellen, nicht direkt in die Sonne, abfiltrieren, in braune Tropffläschchen füllen, beschriften.

Von den Frischpflanzen (100g in 500 ml Alkohol = 1 : 5) muss man doppelt so viel nehmen wie von den getrockneten Pflanzen (50g in 500ml Alkohol = 1 : 10). Härtere Bestandteile wie etwa Wurzeln oder Rinde werden in der Regel in 55-70%igem Alkohol ausgezogen.

Indikationsregister

Endnoten

1 Skript des deutschen »International Network for Energy Healing« kurz INEH
2 Vgl. Vonarburg, Bruno: *Energetisierte Heilpflanzen*, S. 341
3 Vgl. Vonarburg, Bruno: *Energetisierte Heilpflanzen*, S. 342
4 Vgl. Kalbermatten, Roger und Hildegard: *Pflanzliche Urtinkturen*, S. 40
5 Vgl. Vonarburg, Bruno: *Energetisierte Heilpflanzen*, S. 314
6 Vgl. Alberti, Waltraud H.: *Garten der Götter*, S. 54
7 Vgl. Seehusen, Henning: *Der Kräuterkompass*, S. 43
8 Vgl. Fischer, Heide: *Frauenheilpflanzen*, S. 18
9 Vgl. Vonarburg, Bruno: *Energetisierte Heilpflanzen*, S. 76
10 Vgl. Vonarburg, Bruno: *Energetisierte Heilpflanzen*, S. 213
11 Vgl. Bühring, Ursel: *Alles über Heilpflanzen*, S. 72
12 Vgl. Bühring, Ursel: *Heilpflanzenrezepte*, S. 147
13 Vgl. Bühring, Ursel: *Alles über Heilpflanzen*, S. 53
14 Vgl. Vonarburg, Bruno: *Energetisierte Heilpflanzen*, S.82 f
15 Vgl. Kalbermatten, Roger: *Pflanzliche Urtinkturen*, S. 70
16 Vgl. Bühring, Ursel: *Alles über Heilpflanzen*, S. 53
17 Vgl. Bühring, Ursel: *Alles über Heilpflanzen*, S. 260 f
18 Vgl. Pahlow, Manfried: *Das große Buch der Heilpflanzen*, S. 339
19 Vgl. Vonarburg, Bruno: *Energetisierte Heilpflanzen*, S. 427
20 Vgl. Kalbermatten, Roger: *Pflanzliche Urtinkturen*, S. 24
21 Vgl. Bühring, Ursel: *Alles über Heilpflanzen*, S. 263
22 Vgl. http://www.kaesekessel.de/kraeuter/f/frauenmantel.htm
23 Vgl. Kalbermatten, Roger: *Pflanzliche Urtinkturen*, S. 42
24 Vgl. Bühring, Ursel: *Alles über Heilpflanzen*, S.208
25 Vgl. http://heilkraeuter.de/bach/wild-rose.htm
26 Vgl. Vonarburg, Bruno: *Energetisierte Heilpflanzen*, S. 177
27 Vgl. Hess, Pia: *Naturkosmetik*, S. 69

Literatur

Alberti, Waltraud H., *Garten der Götter*, Verlag der Griechenland Zeitung, Oktober 2011

Bühring, Ursel, *Alles über Heilpflanzen*, Ulmer Verlag 2007

Bühring, Ursel, *Heilpflanzenrezepte*, Ulmer Verlag 2014

Fischer, Heide, *Frauenheilpflanzen*, Nymphenburger Verlag 2006

Hess, Pia, *Naturkosmetik*, Selbstverlag Schweiz 2011

Kalbermatten, Roger und Hildegard, *Pflanzliche Urtinkturen*, AT Verlag 2005, 7. Auflage 2014

Pahlow, Manfried, *Das große Buch der Heilpflanzen*, Gräfe und Unzer Verlag, Lizenzausgabe für Weltbild 2006

Seehusen, Henning, *Der Kräuterkompass*, Gräfe und Unzer 2011, 12. Auflage

Skript des deutschen »International Network for Energy Healing« kurz INEH

Vonarburg, Bruno, *Energetisierte Heilpflanzen*, AT Verlag 2010

http://www.heilkraeuter.de/lexikon/index.htm

http://www.kaesekessel.de/kraeuter

Danksagung

Ich möchte allen danken, die zum Gelingen dieses Buches beigetragen haben. Nur in der Gemeinschaft und Verbindung kann so ein Werk entstehen.

Liebe Sibylle Schäfer, wir beschlossen unsere Zusammenarbeit einst unter dem Zwetschgenbaum in deinem Garten. Es hat so viel Freude gemacht, mit dir zu arbeiten und zu sehen, wie du meine inneren Bilder in deinen Illustrationen umsetzen konntest.

Liebe Andrea Weiss, du warst da, als mein Herz, noch ganz überwältigt vom Schmerz, im Schreiben Trost finden konnte. Durch unsere zahlreichen Gespräche, deine klugen Einwände und Ideen gewannen die Märchen an Reife und Schliff.

Liebe Pia Wedekind, durch unser gemeinsames Schicksal bist du meiner Seele und den Märchen sehr nahe. Hab Dank für dein Lektorat und für die vielen aufbauenden Worte zwischendurch.

Liebe Silke Mix, für deinen genauen und strukturierten Blick und unsere gemeinsame Liebe zu den Pflanzen bin ich dir so dankbar. Auf dich ist Verlass! Als es brannte, hast du einen unglaublichen freundschaftlichen Korrekturmarathon gemeistert.

Liebe Ursel Bühring, durch dich und deine ehemalige Schule habe ich die Welt der Heilpflanzen und Kräuter kennengelernt, und durch deine ermutigenden Worte habe ich überhaupt erst wieder zum Schreiben zurückgefunden. Danke, dass du an mich geglaubt hast.

Liebe Bettina Richter, durch dich erschloss sich für mich die geistige Welt in einer anderen Dimension. So entstand die Idee, die Pflanzen mit den Chakren in Verbindung zu bringen. Hab Dank für unseren Austausch und für deine freundschaftliche Verbundenheit.

Ich danke meinem Verlag, insbesondere dem Programmchef und Verleger Andreas Lentz und dem Grafiker Fred Hageneder für ihre professionelle und liebevolle Unterstützung.

Genauso, wie meine Geschichten immer eine Verbindung zwischen Diesseits und Jenseits darstellen, ist auch meine Familie ein Flechtwerk aus diesen zwei Welten geworden. So, wie das Märchen eine Möglichkeit darstellt, diese Welten wieder zusammenzuführen, erinnert mich auch unsere Familie gleichermaßen daran.

Lieber Nicolai, mein Herz schlägt in deinem Takt, und beim Schreiben spüre ich immer Unterstützung aus deiner Welt. Du begleitest mich stets auf meinen Ausflügen ins Reich der Phantasie. Dann bin ich dir ganz nahe und verbunden und sowieso in Liebe vereint.

Lieber Kasimir, hab Dank für dein aufmerksames Zuhören und die wertvollen Tips. Du bist stets mein erster Zuhörer und Kritiker, und ich vertraue deinem Urteil sehr. Ich bin so dankbar und glücklich, dass es dich gibt.

Lieber Hubertus, Danke für deine Liebe und Begleitung und dass du mir immer einen sicheren Rahmen im Leben gibst, ohne den ich meine Worte im Kopf nicht zu Papier bringen könnte.

Liebe Heilkräuter, ihr seid die Berühmtheiten meiner Geschichten, und ohne euch wären sie ohne Farbe, Glanz und Gesicht. Ich liebe und verehre euch sehr. Ihr seid so bestrebt, uns alles immer wieder vorzuleben. Ihr zeigt mir stets, dass sowieso alles zusammengehört, dass wir alle eins sind, auch wenn unsere Aufgaben bisweilen an unterschiedlichen Orten gelöst werden müssen.

Die Illustratorin

Sibylle Schäfer studierte zunächst an der PH Freiburg Kunst, Musik und Englisch, später Grafik Design an der Freien Kunstakademie. Es folgten mehrere Jahre in den Niederlanden, wo sie an der Hogeschool Arnhem en Nijmegen Kunsttherapie studierte und 1994 mit einem Diplom abschloss.

Zurück im Süden Deutschlands, arbeitet sie seitdem selbständig als Grafikerin und Illustratorin. Als Tochter eines naturliebenden und kräuterkundigen Vaters fühlt sie sich sehr mit den Pflanzen verbunden. Sie wohnt mit ihrem Mann und den beiden Kindern in Freiburg.

Die Autorin

Flor Schmidt ist Germanistin, Trauerbegleiterin und Heilpflanzenexpertin (2004 Ausbildung an der ursprünglich von Ursel Bühring gegründeten Freiburger Heilpflanzenschule). Nach mehreren Fortbildungen gibt die Phytopraktikerin Kräuterseminare für Erwachsene und Kinder. 2006 veröffentlichte sie ihr erstes Kräutermärchenbuch »Sonnenwirbel für den König« zunächst im Selbstverlag, die zweite und dritte Auflage dann beim Stadelmann Verlag.

Nach dem Tod ihres älteren Sohnes begann die Autorin 2012 eine Ausbildung in energetischem Heilen beim INEH (International Network of Energy Healing), die sie 2014 abschloss. 2015 entschied sie sich für eine Seelsorgeausbildung. Flor Schmidt ist Mitbegründerin der »JugendLichter«, mehrerer Gesprächsgruppen für verwaiste Eltern. In ihren Seminaren »Lebendige Trauer« stellt sie eine Verbindung von Natur und Heilpflanzen zu Trauer und Verlust auf körperlicher und seelischer Ebene her. 2018 veröffentlichte sie beim Patmos Verlag eine biographische Erzählung »Weiter als das Ende – Wie mit dem Tod meines Sohnes etwas Neues begann«. Die Autorin hält Vorträge und Lesungen im In- und Ausland.

Sie lebt mit ihrer Familie in Freiburg.

mail@carpe-florem.de
www.carpe-florem.de

NEUE ERDE im Buchhandel

Neue Erde ist ein kleiner unabhängiger Verlag, und der unabhängige Buchhandel ist unser natürlicher Partner. Wir unterstützen die Initiative »buy local«.

Sollte es Lieferschwierigkeiten bei den Büchern von NEUE ERDE geben, lassen Sie immer im VLB (Verzeichnis lieferbarer Bücher) nachsehen, im Internet unter **www.buchhandel.de**

Alle lieferbaren Titel des Verlags sind für den Buchhandel verfügbar.

Auch mobil können Sie, zum Beispiel mit LChoice, unsere Bücher beim örtlichen Buchhändler kaufen.

Sie finden unsere Bücher auch auf unserer Homepage **www.neue-erde.de** oder in unserem Gesamtverzeichnis, welches Sie gerne hier anfordern können:

NEUE ERDE GmbH
Cecilienstr. 29 · 66111 Saarbrücken
info@neue-erde.de